罐沙拉小时光
mason jar salads

U0385755

罐沙拉小时光

mason jar salads

65道梅森罐食谱

从沙拉、意面、炖饭到酱料，多层次美味就在罐子里!

[美] 茱莉亚·梅拉贝拉　著

邢俊杰　译

辽宁科学技术出版社

沈　阳

联合翻译：孔德晶　苏　兵　韩晓放

图书在版编目（ＣＩＰ）数据

罐沙拉小时光 /（美）梅拉贝拉（Mirabella,J.）著；邢俊
杰译.—沈阳：辽宁科学技术出版社，2016.7（2018.3重印）
ISBN 978-7-5381-9674-0

Ⅰ.①罐…　Ⅱ.①梅…　②邢…　Ⅲ.①沙拉—菜
谱　Ⅳ.①TS972.121

中国版本图书馆CIP数据核字（2016）第034123号

出版发行：辽宁科学技术出版社
　　　　　（地址：沈阳市和平区十一纬路25号　邮编：110003）
印 刷 者：辽宁新华印务有限公司
经 销 者：各地新华书店
幅面尺寸：168mm×230mm
印　　张：8
字　　数：135千字
出版时间：2016年7月第1版
印刷时间：2018年3月第2次印刷
责任编辑：殷　倩　张丹婷
封面设计：张　珩
版式设计：颖　溢
责任校对：尹　昭

书　　号：ISBN 978-7-5381-9674-0
定　　价：32.80元

联系电话：024-23280272　联系人：张丹婷　编辑
地址：沈阳市和平区十一纬路25号　辽宁科学技术出版社
邮编：110003
E-mail：1780820750@qq.com

To my parents, my favorite sous chefs.

献给我的父母，我最爱的两位主厨

目录
Contents

关于罐沙拉

早餐 Breakfasts

香蕉杏仁酱思慕雪……………… 12

蓝莓早餐思慕雪………………… 13

绿鲜思慕雪……………………… 15

蜜桃草莓思慕雪………………… 16

杧果思慕雪……………………… 19

燕麦粒粥………………………… 20

燕麦水果杏仁露………………… 23

覆盆子黑莓思慕雪……………… 24

沙拉 Salads

甜菜根胡萝卜沙拉……………… 27

西瓜费塔奶酪沙拉……………… 28

番茄奶酪沙拉…………………… 31

玉米蓝莓沙拉…………………… 32

四季豆费塔奶酪沙拉…………… 35

大麦角瓜沙拉…………………… 36

酸模叶蜜桃沙拉………………… 37

豌豆苗樱桃萝卜沙拉…………… 38

西南风味沙拉…………………… 40

芝麻菜松子帕玛森奶酪沙拉…… 42

羽衣甘蓝牛油果沙拉…………… 43

大麦羽衣甘蓝沙拉……………… 44

鹰嘴豆希腊沙拉………………… 47

大白芸豆综合蔬菜沙拉………… 48

菠菜樱桃萝卜藜麦沙拉………… 50

布格麦食沙拉…………………… 53

草莓山羊奶酪沙拉……………… 54

亚洲风味蔬菜沙拉……………… 55

考伯沙拉………………………… 56

石榴洋梨沙拉…………………… 59

香酥帕尔玛火腿奶油生菜沙拉… 60

水果沙拉………………………… 63

牛油果莎莎酱沙拉……………… 64

棕榈心沙拉……………………… 65

凯萨沙拉………………………… 66

苹果苦苣沙拉…………………… 67

菠菜蓝莓蓝纹奶酪沙拉………… 68

托斯卡纳面包沙拉……………… 70

午餐好料理 More Lunch Ideas

青酱意式饺佐樱桃番茄马苏里拉奶酪···73

海岸区意大利面·······75

西兰花苗猫耳朵·······76

咖喱鸡肉沙拉·······79

马铃薯沙拉·······80

培根辣酱意大利面·······82

颗粒意大利面沙拉·······83

鸡肉蔬菜小炒·······85

炒饭·······86

意大利白腰豆浓汤·······88

焗烤西兰花·······89

甜椒马铃薯·······90

鸡蛋沙拉·······93

古斯古斯面·······94

西班牙蔬菜冷汤·······95

鸡肉薄饼汤·······96

咖喱煨南瓜·······99

辣椒牛肉·······100

普罗旺斯炖菜·······102

鲜芦笋炖饭·······103

南瓜炖饭·······106

牛肝菌炖饭·······107

点心与蘸酱 Snacks and Dips

普切塔开胃菜·······111

杧果莎莎酱·······112

牛油果莎莎酱·······115

辣味莎莎酱·······116

辣鹰嘴豆泥蔬菜条·······119

红椒费塔奶酪佐酱·······120

沙拉油醋酱 Salad Dressings

柠檬油醋酱·······13

红酒油醋酱·······16

青柠油醋酱·······19

蓝莓油醋酱·······23

法式油醋酱·······24

雪利酒油醋酱·······28

香脂醋油醋酱·······31

和风油醋酱·······97

苹果蜂蜜油醋酱·······111

白酒油醋酱·······112

关于罐沙拉

　　毕业后进入职场，突然发现少了好多属于自己的时间。工作很忙，总得加班，每天午餐都需要外出就餐。几个月之后，我意识到我该有所改变。但办公室附近买不到沙拉或其他健康的食物，每天只能吃着不健康的午餐。而周末在市场买的蔬果，因为没时间料理，都放在冰箱里慢慢腐烂。我得想办法吃得更健康，而且吃到的必须是我亲自购买的健康食物。

　　吃得健康意味着要吃更多的新鲜蔬果和自己烹煮的食物，但是要做出健康饮食很花时间，而我就是没时间。另外，带着沙拉去上班有点难度，不仅需要适合的容器，而且如果你前一晚或当天早上就淋上酱汁，沙拉里的蔬果就会泡得烂烂的。

　　我的解决办法就是用梅森罐（Mason jar）来装沙拉。周末花一点时间准备下周要吃的梅森罐沙拉，这样就能轻松解决自备午餐上班的困难，购买的新鲜蔬果也不会在冰箱里慢慢腐烂。大部分梅森罐沙拉可在冰箱保存4~5天，每天早上我只要抓一罐就可以出门。

　　而且我怎么可能只做沙拉！我把梅森罐食谱扩充，从意大利面到浓汤、水果饮、莎莎酱都有。在本书中你可以有各式午餐的选择，外加早餐与点心。准备梅森罐轻食并没有神奇配方，本书食谱只是提供一些点子，让你知道如何着手。梅森罐轻食的宗旨在于省时并吃得健康。不需要亦步亦趋地跟随食谱。用你最喜欢的食材实验看看，保证乐趣无穷！

小贴士

梅森罐沙拉是工作日的完美午餐，但其功能也不仅限于此。由于制作快速，可以推荐给新手父母，花很少的时间就能吃到更多的新鲜蔬果，或者随手带几罐去参加朋友家的烤肉派对也很不错。

梅森罐沙拉保鲜的秘密

梅森罐沙拉保鲜的秘诀，就是利用梅森罐的垂直特性，将内容物一层一层堆叠，而不是混在一起。

首先，在最底层倒入沙拉酱，接着放入较硬的食材——例如胡萝卜。这层硬食材会把酱汁与上层的绿叶蔬菜隔开，让绿叶蔬菜不至于沾到酱汁而脱水变软。梅森罐能够将沙拉密封在内，罐内呈现微真空状态，可延长沙拉的保鲜时间。

梅森罐的优点

控制分量：梅森罐能控制一餐的分量，让你不至于饮食过量，确实地执行健康饮食方案。

节省时间：你可以在周日一次准备许多份梅森罐沙拉，只需要一小时就能搞定未来一周的午餐。

经济实惠：梅森罐可以重复使用，而且，因为要自己制作沙拉，代表你会消耗掉自己买的蔬果而不是把食物放到烂，这样其实会节省不少钱。

便于清洗：梅森罐很好清洗。忙了一天之后，只要把罐子和盖子放入洗碗机，就能洗得干干净净。

首选玻璃：玻璃罐表面光滑无孔隙，所以不会附着食物上的细菌，也可以在洗碗机中彻底消毒。玻璃罐最大的优点是不会有塑料容器渗出有害物质污染食物的问题，大可放心使用。

拧紧密封：梅森罐盖好拧紧后，罐子便处于密封的状态。你不用担心上班途中食物会撒出来弄脏包包。

必备器材

制作沙拉不需要什么设备，几种小工具就足够了。

梅森罐：当然，梅森罐沙拉的唯一条件就是梅森罐。我选用473毫升（16盎司）[1]或946毫升（32盎司）[2]容量的罐子，尤其推荐广口瓶，这样放入食材时不会弄得到处都是。

梅森罐在超市或网络上都可买到。我用梅森罐装咖啡或茶去上班、放在桌上当笔筒、放浴室里装牙刷……用途无穷，绝对物超所值。

漏斗：如果你用普通罐子而非广口瓶装沙拉，那漏斗就很好用，能不费力地将食物装入梅森罐，不会把厨房台面弄得脏兮兮。

蔬菜脱水器：把绿叶蔬菜上的水分沥干，是梅森罐沙拉成功的关键。蔬菜脱水器绝对必要，至少对我来说不可或缺。

刮铲：我最钟爱的厨房小道具是Tovolo牌的烘焙铲和搅拌勺。因为形状细长，所以可以够到手指无法触及之处，适合用来拨动梅森罐内的食材。

沙拉碗和叉子：最后，在办公室或你平常食用沙拉的地方，准备一套沙拉碗和叉子。直接从罐子中取用沙拉并不容易，所以有个碗会比较方便。

注1　16盎司相当于473毫升。
注2　32盎司相当于946毫升。

梅森罐沙拉装瓶步骤

制作梅森罐沙拉最有效率的方法，就是一次性制作出多罐沙拉，甚至可以在周末做出接下来一周的分量。也可以同时准备多份类似的沙拉，这样就不用买太多不同食材，可以节省花销。不过也要尽量有所变化，才不容易厌倦。

1. 准备食材。把蔬果洗净并切成合适的大小。准备各式蔬果，记得选几种较硬的蔬果，用来放在罐子底层。

2. 梅森罐沙拉的秘诀就是"分层堆叠"。最底层放酱汁，946毫升（32盎司）的梅森罐我会加入3~4大匙酱汁，473毫升（16盎司）的梅森罐则是2大匙。（我发现若食材中有洋葱，将洋葱放底层是很不错的选择，因为将洋葱泡在酱汁里能稀释洋葱的辛辣气味，下午上班就不会满嘴洋葱味。）

3. 接着放入不会吸收酱汁的食材，如胡萝卜、小番茄、豌豆、鹰嘴豆等。

4. 继续分层放入食材，并且尽可能地压紧食材，罐子里面空气越少，沙拉的保鲜期就越长。

5. 最上层放绿叶蔬菜，这样可与酱汁隔绝，叶菜不会被泡烂。最后再按照食谱或者自己的喜好撒上奶酪丝或坚果。

6. 拧紧盖子，把沙拉密封在罐内，把梅森罐放入冰箱，这样就大功告成！若想再增加点蛋白质，比如鸡肉，那么只要在食用沙拉的当天早上把鸡肉放到叶菜上面即可。

7. 准备要吃沙拉了吗？把整罐食材倒入大碗里拌一拌就可以喽。

加热梅森罐内的食物

本书中有几道食谱加热后食用会更美味。所有梅森罐餐点皆可直接用微波加热，不过最值得加热的是汤品和燕麦，加热后味道会更好。意大利面和其他午餐搭配，我建议放到碗盘里再加热，这样受热比较均匀。

烘焙纸的妙用

有些沙拉食谱完全没有硬质蔬菜，这样一来，即使酱汁放在底层，效果也不好，比如说水果就会吸收沙拉酱汁中的醋。市面上可以买到一种可以重复使用的小杯子，大小刚好适合放在梅森罐上，如此便可解决这个问题。但还有更快速、更省钱的办法，就是利用烘焙纸，或者保鲜膜。

1. 按照之前的方法分层堆叠沙拉食材，但是不要先加入酱汁。食材不要放到满，罐子最上层预留点空间给酱汁。

2. 剪一块正方形的烘焙纸，长度要比瓶口长个几厘米（20厘米见方就可以了）。把纸覆在瓶口后中心压下一点，形成一个小杯子。烘焙纸的边缘应该要超过瓶口边缘，把烘焙纸往外折。

3. 把酱汁倒入烘焙纸杯内，拧紧梅森罐盖。即使隔了层烘焙纸，罐子还是可以密封，只要确定盖子拧紧，汁液就不会漏出来（不过我也不建议把罐子倒放）。

4. 食用之前，先把汁倒入碗中，再倒出整罐沙拉，拌匀即可。

贴士

油醋酱：我认为油醋酱是最适合梅森罐沙拉的酱汁，而其他沙拉酱汁若放太久都会产生内容物分离的现象。油醋酱做法快速又不贵，而且万一油醋分离，也很容易将其重新混合。

本书许多沙拉都是搭配油醋酱。

蛋白质：本书大部分的梅森罐轻食都不含肉类，但是想要加入鸡肉、牛排或其他蛋白质也不难。我建议食用当天的早上再加入，而不要一放就是好几天。

真空保鲜机：容器内的空气是造成沙拉坏掉的最大原因。不过真空保鲜机稍稍有些贵，其实不买也没有问题！只要把玻璃罐塞满蔬果，压得紧实，罐子最上层留的空间越小，里面的空气也就越少，这样保鲜效果也就越好。

小知识

什么是梅森罐（Mason jar）？

以前，在还没有冰箱的年代，为了要延长食物的保鲜期，美国铁匠Mason发明了一种罐子来保存食物。使用厚实的玻璃瓶加上密封胶圈和用来加强固定的金属盖子，这样的瓶子用来装料理可以耐久保存。通过透明的瓶身可以直接看到罐子内食物的状态，首创的螺纹旋转瓶盖，舍弃以往麻烦的软木塞及封蜡封口，可以完整地将瓶口锁紧，这种瓶子后来就被称为梅森罐（Mason jar）。

我的饮食计划

我的饮食计划

早餐
Breakfasts

早上睡过头、赶着出门而来不及吃早餐是常有的事。接下来的早餐食谱专门为匆匆忙忙的早晨而设计，几分钟即可完成带去上班。当然如果你在周日晚上一次做好未来一周的分量，会更方便。

香蕉杏仁酱思慕雪

不久前我才尝试在思慕雪中加入杏仁露，结果一试就上瘾了。香蕉和杏仁露的味道特别合。这款思慕雪富含杏仁酱的蛋白质与亚麻子的膳食纤维，是一天活力的源泉。如果你有手持电动搅拌棒，可直接在梅森罐内搅打，就能更迅速地完成，出门上班。

材料 INGREDIENTS ·······································1人份

1杯原味杏仁露

1大匙杏仁酱

1大匙磨碎的亚麻子

1根香蕉，新鲜或冷冻皆可

1个473毫升（16盎司）容量的梅森罐

做法 HOW TO DO

用食物调理机或果汁机把思慕雪的食材打碎，倒入梅森罐中。亦可将食材直接放入梅森罐里，用手持电动搅拌棒打碎。盖上瓶盖，在上班途中或工作时便可饮用。尽量在早上饮用完毕，此时风味最佳。若思慕雪内容物分离，请在喝前摇一摇。

冰香蕉

冷冻香蕉是不用冰块却能让思慕雪变凉的绝佳方法，准备起来也超简单：只要让新鲜香蕉在冰箱的冷冻室待上一夜。隔天香蕉外皮会呈现褐色，但里面的香蕉依然完美。冷冻香蕉在冷冻室内可放大约4个月。

使用前将香蕉从冷冻室拿出来，室温下放置5分钟。把头尾切掉，纵向切成两半，把皮剥掉。然后就可以把剥好皮的冷冻香蕉与其他材料一起放进果汁机里了。

蓝莓早餐思慕雪

蓝莓滋味甜美，并且富含抗氧化物质。我用了所有我想得到的方法来食用蓝莓。这款思慕雪做法简单，还添加了一大匙的亚麻子，补充大量膳食纤维和欧米伽3脂肪酸，超级美味！

材料 INGREDIENTS·····································1人份

1杯脱脂牛奶或无糖豆浆

1/2杯蓝莓

1大匙磨碎的亚麻子

1根香蕉

1个473毫升（16盎司）容量的梅森罐

做法 HOW TO DO

把脱脂牛奶或豆浆、蓝莓与亚麻子放到食物调理机或梅森罐中。将香蕉剥皮，切成片状，放入容器。在食物调理机里打碎，再倒入梅森罐，或直接用手持电动搅拌棒在梅森罐中打碎食材后，拧紧瓶盖备用。

柠檬油醋酱

材料 INGREDIENTS·····································4人份

2大匙柠檬汁

1小撮盐

现磨黑胡椒少许

3大匙橄榄油

做法 HOW TO DO

将柠檬汁、盐与黑胡椒打在一起，慢慢地将橄榄油加进去，打到变稠即可。

绿鲜思慕雪

没错，这款思慕雪就是绿色的，但别因为它的颜色而却步，因为味道真的很棒，对身体也很好。材料中有纤维质高，富含维生素C及抗氧化物质的猕猴桃；还有富含铁与锌的菠菜。再加入苹果汁或梨汁，增加甜度与营养，这些都对你的身体有益。

这款思慕雪可以在前一天晚上制作，不过当然还是早上现做最好。如果思慕雪隔夜后内容物分离，摇一摇重新混合即可。

材料 INGREDIENTS··1人份

1个猕猴桃

1/2个苹果，削皮去核

1杯梨汁或苹果汁，根据个人口味增减用量

1/2杯菠菜叶

1个473毫升（16盎司）容量的梅森罐

做法 HOW TO DO

将猕猴桃纵向切成两半，用汤匙挖出果肉。把1/2颗苹果切成丁，与猕猴桃、梨汁或苹果汁、菠菜一同放入果汁机打成泥状。把思慕雪倒入梅森罐，拧紧盖子，就可带去上班了。

蜜桃草莓思慕雪

这款思慕雪充满了夏日的气息。水蜜桃和草莓的味道很配，再加点柳橙汁与蜂蜜就更完美了。想要让这道饮料更营养的话，还可以加入奇亚籽，可以增加欧米伽3脂肪酸、钙与锰。只是要小心奇亚籽会卡在牙缝里，会破坏美好的笑容，影响形象噢！

材料 INGREDIENTS ···1人份

1杯橙汁

1个水蜜桃，剥皮切丁

1/2杯草莓

1大匙奇亚籽（可不加）

1大匙蜂蜜（可不加）

1个473毫升（16盎司）容量的梅森罐

做法 HOW TO DO

把橙汁、水蜜桃、草莓用果汁机打匀，倒入梅森罐。或用手持电动搅拌棒直接在梅森罐中搅打。视需要添加奇亚籽和蜂蜜，增加风味与甜度，然后拧紧瓶盖备用。

红酒油醋酱

材料 INGREDIENTS ···4人份

2大匙红酒醋

1/2汤匙切碎的葱花

1小撮盐

现磨黑胡椒少许

3大匙橄榄油

做法 HOW TO DO

将红酒醋、葱花、盐与黑胡椒打在一起，慢慢地将橄榄油加进去，打到变稠为止。

杧果思慕雪

用应季的杧果做这款思慕雪最美味了。非杧果产季时，亦可用冷冻杧果来制作。

材料 INGREDIENTS··1人份

1个杧果，去核切丁*

3/4杯胡萝卜汁

1根香蕉

1个473毫升（16盎司）容量的梅森罐

*切杧果的方法请参考79页

做法 HOW TO DO

用果汁机把杧果丁、胡萝卜汁、香蕉一起打匀，倒入梅森罐，就可以带出门了。

青柠油醋酱

材料 INGREDIENTS··4人份

2大匙青柠汁

1大匙新鲜现切香菜

1小撮盐

现磨黑胡椒（用于调味）

一点点辣椒酱（可不加）

3大匙橄榄油

做法 HOW TO DO

将青柠汁、香菜、盐与黑胡椒还有辣椒酱（可不加）搅拌在一起，同时慢慢地将橄榄油加进去，打到变稠即可。

燕麦粒粥

梅森罐燕麦粒粥绝对是我工作日里最爱的自制早餐。如果没有计划好下周的早餐，届时到公司后饥肠辘辘又看到一堆不健康的零食，就会做出错误选择，开始乱吃。用梅森罐装燕麦当早餐，改变了我的早晨，让我可以好好迎接一天的开始。

本食谱用的是燕麦粒（steel-cut oats），通常要花20~30分钟烹煮。但是，我们有梅森罐，它可以再次加热烹煮，所以大约10分钟就可以准备好一周份的早餐。

只有燕麦粥会稍显清淡，要有点创意，想想配料，让粥更美味。我超爱坚果和水果干，尤其爱杏仁、葡萄干、蔓越莓干。其实，草莓、蓝莓等新鲜水果也很对味。

材料 INGREDIENTS··5人份

$4\frac{1}{2}$杯水（在再次加热时可再加一些水）

$1\frac{1}{4}$杯燕麦粒

配料，自由选择

牛奶（可不加）

蜂蜜或红糖（可不加）

5个473毫升（16盎司）容量的梅森罐

做法 HOW TO DO

点火，深平底锅加热，倒入$4\frac{1}{2}$杯的水，加入燕麦粒煮滚后，转至中火，焖10分钟。把锅子从火上移开，慢慢用汤匙把燕麦粥舀起，均分至5个梅森罐中（漏斗可派上用场）。

盖上瓶盖，将燕麦粥静置于厨房一整夜。隔天早上你踏入厨房时，就有5天份的燕麦等着你！最后只要再加上配料就可以了，也可以等要吃的那个早晨再加。

带一瓶去上班，其他放冰箱。到办公室时，在瓶中加点水（约1大匙），再微波加热，搅拌一下，如果需要，可再加牛奶、蜂蜜或红糖。好好享受美味吧！

燕麦水果杏仁露

温热的燕麦粥在夏天总是引不起食欲，别担心，我们可以享受冷燕麦！把材料中的燕麦粒换成即食燕麦片，由于操作简单，在食用的前一晚准备就好，而不用一次做一星期的分量，并且完全不用开火。这就是最简单速成的早餐了！

材料 INGREDIENTS ·····························1人份

1杯即食燕麦片

$1\frac{1}{2}$杯原味杏仁露（或其他你喜欢的奶类）

少许蜂蜜，增加甜度

莓果或坚果当配料，分量随意

1个473毫升（16盎司）容量的梅森罐

做法 HOW TO DO

将即食燕麦片放入梅森罐，加入杏仁露或其他奶类，搅拌均匀。扭紧瓶盖，置于冰箱一整夜。隔天早上视需求加入糖类和其他配料。

蓝莓油醋酱

材料 INGREDIENTS ·····························4人份

3大匙新鲜蓝莓

2大匙苹果醋

1/4大匙蜂蜜

1小撮盐

现磨黑胡椒少许

4~5大匙橄榄油

做法 HOW TO DO

将蓝莓、苹果醋、蜂蜜、盐与黑胡椒放进果汁机搅拌到滑顺，料理机不停止，同时慢慢地将橄榄油加进去，打到变稠即可。

覆盆子黑莓思慕雪

黑莓尝起来有点酸，但和覆盆子与少量蜂蜜放在一起却是绝配。这款饮品里面会有很多小种子，装罐前不妨过滤一下。

材料 INGREDIENTS ······························1人份

1/2杯无糖豆浆

1/4杯香草酸奶

1/2杯黑莓

1/2杯覆盆子

少许蜂蜜，增加甜度

1个473毫升（16盎司）容量的梅森罐

做法 HOW TO DO

用果汁机将豆浆、酸奶、黑莓、覆盆子全部打碎，加入蜂蜜调味。可滤掉小种子，再倒入梅森罐中，拧紧瓶盖。

法式油醋酱

材料 INGREDIENTS ······························4人份

2汤匙柠檬汁

1/2汤匙切碎的葱花

1/4匙法式第戎芥末

1小撮盐

现磨黑胡椒（分量随意）

3大匙橄榄油

做法 HOW TO DO

将柠檬汁、葱花、芥末、盐与黑胡椒打在一起，慢慢地将橄榄油加进去，打到变稠即可。

沙拉

Salads

我很爱逛农贸市场，周末一定会去家附近的农贸市场，这个爱好改变了我的饮食习惯。我不断接触到新的蔬菜，也学着只吃应季的蔬果，因为应季的蔬果实在美味。梅森罐沙拉让我可以将市场购回的蔬果完全利用。

这章介绍的沙拉食谱用了许多我在春夏两季于农贸市场买到的蔬果。尽管许多道沙拉都以菠菜、芝麻菜、苦苣等绿叶蔬菜为主角，但美味沙拉可不仅限于绿叶蔬菜。在本书中你也可以找到以谷类或豆类为主要材料，搭配出各式各样美味、简单、方便的梅森罐沙拉。

甜菜根胡萝卜沙拉

把略带土味的甜菜根、爽脆的胡萝卜、咸香的开心果与香滑的山羊奶酪通通加在一起吧！夏末秋初时分，即使应季蔬菜大部分是根茎类，仍可以做梅森罐沙拉。甜菜根买来时会沾满泥土，而且需要煮熟后再料理，但其实也不算太麻烦，还可以一次备好一星期的分量。如果你真的没时间料理甜菜根，使用现成的熟甜菜根也可以。

材料 INGREDIENTS………1人份

1/2杯胡萝卜丝，约一根中等大小胡萝卜

3大匙红酒油醋酱*

1/2～3/4杯切丁或切块的熟甜菜根

2杯菠菜叶

30克捏碎的山羊奶酪

1/4杯去壳开心果

1个473毫升（16盎司）容量的梅森罐

*红酒油醋酱做法见16页

做法 HOW TO DO

红酒油醋酱倒入梅森罐底层，依序放入胡萝卜、甜菜根、菠菜、山羊奶酪。最后倒入1/4杯的开心果。拧紧瓶盖，放入冰箱，随时都可以食用。

胡萝卜的切法

要切出火柴棍大小的胡萝卜丝，先将胡萝卜横切成两半，再把这两半纵切为二。将每一块切口朝下放在砧板上，再纵切为4等分。重复此步骤，直到胡萝卜切成丝。

烤甜菜根小秘诀

首先，将烤箱预热至220℃。烤箱在加热时，把甜菜根顶部削掉，只留1厘米左右的茎。用清水刷洗甜菜根，去除泥土。将甜菜根放入烤盘，加入大约1厘米高的水，放入烤箱。小的甜菜根烤30～40分钟，中型的烤40～50分钟，大型的烤50～60分钟。

可以轻松用叉子穿过甜菜根时，就表示烤好了。从烤箱中拿出，放凉。戴上橡胶手套，免得手被甜菜根汁液染红。把头尾切掉，再剥掉甜菜根外皮即可料理。

西瓜费塔奶酪沙拉

没有什么水果比西瓜更能代表夏天的了。炙热的炎夏，来点清凉甜蜜的西瓜能让你有个舒服的午后时光。这道沙拉选用了小番茄与费塔奶酪（feta cheese），开胃可口，唇齿留香，突显西瓜的风味且不减清凉效果。

材料 INGREDIENTS ·······························1人份

2~3大匙雪利酒油醋酱（做法见下方）

1杯对半切的小番茄

1/3杯稍微切碎的新鲜香菜

2杯切丁的去子西瓜

30克捏碎的费塔奶酪

1个473毫升（16盎司）容量的梅森罐

做法 HOW TO DO

按照油醋酱、小番茄、香菜、西瓜、费塔奶酪的顺序，一层一层将材料置入梅森罐。拧紧盖子，放入冰箱冷藏，随时都可以取出食用。

雪利酒油醋酱

材料 INGREDIENTS ·······························4人份

$2^1/_2$大匙雪利酒醋

1小撮盐

现磨黑胡椒少许

3大匙橄榄油

做法 HOW TO DO

将醋、盐与黑胡椒打在一起，同时慢慢地将橄榄油加进去，打到变稠即可。

番茄奶酪沙拉

番茄奶酪沙拉总是让我们想到意大利。在意大利，整个夏天你都可以享用这道菜，吃完后心满意足的程度，不亚于享受了一道繁复精致的大餐。这道菜美味的秘诀就是选择高品质的马苏里拉奶酪以及最新鲜的番茄。

材料 INGREDIENTS·······································1人份

2个番茄

230克新鲜马苏里拉奶酪

4大匙香脂醋油醋酱*

6~8片新鲜罗勒叶

2个473毫升（16盎司）容量的梅森罐

*香脂醋油醋酱做法在下方

做法 HOW TO DO

把番茄和马苏里拉奶酪横切成0.5厘米厚的圆片。

在梅森罐底放入2大匙油醋酱，接着把番茄、马苏里拉奶酪、罗勒叶一层一层堆叠入内，重复此步骤直到堆满。密封后放入冰箱。

香脂醋油醋酱

材料 INGREDIENTS·······································4人份

1大匙香脂醋

1大匙蜂蜜

1小撮盐

现磨黑胡椒少许

3大匙橄榄油

做法 HOW TO DO

将香脂醋、蜂蜜、盐与黑胡椒打在一起，同时慢慢地将橄榄油加进去，打到变稠即可。

玉米蓝莓沙拉

谁会想到玉米和蓝莓会这么对味？亲身感受一下吧！又甜又香的组合准备起来也很快，外出食用也方便。这罐沙拉可以带去上班，也可以带去和朋友的野餐派对。若想改成绿叶沙拉，请改用946毫升（32盎司）容量的梅森罐，在上头加入2杯苦苣或菠菜即可。

材料 INGREDIENTS···1人份

2根玉米，约3/4杯玉米粒

$1^1/_2$大匙青柠油醋酱*

1~2大匙红洋葱碎

1/2杯小黄瓜片（切成半圆形或扇形）

$1^1/_2$大匙切碎的新鲜香菜

1/2杯蓝莓

1个473毫升（16盎司）容量的梅森罐

*青柠油醋酱做法在19页

做法 HOW TO DO

剥掉玉米外皮和玉米须。在锅中倒入足以覆盖玉米的水量，将水煮沸。放入玉米，煮5分钟。从滚水中取出玉米放凉，削下玉米粒。

在梅森罐中叠放食材，从油醋酱开始，接着放洋葱、小黄瓜，然后是玉米粒、香菜及蓝莓。密封放入冰箱即可。

四季豆费塔奶酪沙拉

四季豆颜色翠绿，口感清脆，本身就很好吃，但切记不要煮过头！清蒸或水煮就可以呈现出最佳风味。

材料 INGREDIENTS ··· 1~2人份

3杯四季豆

$2^{1}/_{2}$大匙香脂醋油醋酱*

3/4杯对半切开的小番茄

1/4杯切丝的红葱头

6~7片罗勒叶

30克捏碎的费塔奶酪

1个946毫升（32盎司）容量的梅森罐

*香脂醋油醋酱做法在31页

做法 HOW TO DO

四季豆头尾摘掉，斜切成段。大火把水煮沸（注意不要加盐），加入四季豆，滚水煮5分钟。把四季豆倒入冰水中浸泡1分钟，可防止余温继续加热，并可保留色泽，捞出后把水沥干。

煮好四季豆后就可将材料装瓶。先倒入油醋酱，再依序放入小番茄、红葱头、煮熟的四季豆、罗勒叶与费塔奶酪。拧紧瓶盖，放入冰箱。

大麦角瓜沙拉

没有绿叶蔬菜的沙拉其实也不错，这道大麦角瓜沙拉新鲜爽口，甜椒口感清脆，番茄甜美，色泽明亮。虽然大麦和角瓜需要经过煮制，不过能带给味蕾不一样的感受，这点辛苦是值得的。

材料 INGREDIENTS···1人份
3大匙橄榄油（分次使用）
1/4杯即食大麦，可煮成3/4杯大麦
1/2杯水
盐和黑胡椒少许
1/2个中等大小的角瓜
1大匙红酒油醋酱*
1/2杯对半切的小番茄
1/2杯切碎的黄甜椒
1个473毫升（16盎司）容量的梅森罐
*红酒油醋酱做法在16页

做法 HOW TO DO

拿一小平底煎锅，倒入1大匙橄榄油，开中火，加入大麦，轻轻搅拌，翻炒至淡棕色。将平底锅从炉火上移开，放置一旁。

取一深平底锅，倒入水，撒一小撮盐，开大火煮滚。加入炒过的大麦，转小火，盖上锅盖焖约20分钟，直到大麦完全吸收水分。

用刀子或蔬果切片器将角瓜刨成薄片，再把角瓜片对切成半圆形。取平底煎锅，倒入2大匙橄榄油，开大火，加入角瓜片，角瓜煎到开始变淡褐色时翻面即可。盘子上铺好厨房用纸巾，把角瓜倒在上面，吸干水分并冷却后，撒上盐和黑胡椒。开始装瓶，先在梅森罐里倒入酱汁，小番茄放在最底层，泡在酱汁里。加入1/2杯即食大麦，取一小汤匙，用匙背将材料压紧以腾出空间给其余材料。加入角瓜片，剩下空间再塞满甜椒。拧紧瓶盖，放入冰箱。

酸模叶蜜桃沙拉

不要害怕尝试不同的食材，善用农贸市场，向"专业人士"请教！我家附近的农贸市场里有个摊位贩卖十来种不同的绿叶青菜，和摊主聊过后，我决定吃吃看酸模叶，她还跟我保证酸模叶和桃子是绝配。还好我听了她的建议，才有这道美味的沙拉食谱。

材料 INGREDIENTS··························1人份

2大匙红酒油醋酱*

1/2小匙蜂蜜

1~2个桃子，剥皮后切薄片

2杯酸模叶

1/2杯切碎的核桃

30克捏碎的山羊奶酪（可不加）

1个946毫升（32盎司）容量的梅森罐

*红酒油醋酱做法在16页

做法 HOW TO DO

在梅森罐内把红酒油醋酱和蜂蜜搅拌均匀，再一层一层叠放食材，依次放入桃子、酸模叶、核桃，最后撒上山羊奶酪（也可不加）。拧紧瓶盖，放入冰箱，随时可享用！

> **小贴士**
>
> 这道沙拉当天食用风味最佳，因为桃子会吸收酱汁，浸泡太久酱汁的味道会太重。如果你想事先做好，隔几天才吃，请用烘焙纸（见第6页）盛装酱汁，不要混到其他食材中。

豌豆苗樱桃萝卜沙拉

没有吃过豌豆苗吗？请务必尝尝看。豌豆苗有卷须和嫩叶，当然还有浓郁的豆香。不过豆苗很容易软掉，所以尽量在几日内食用完毕。

材料 INGREDIENTS···1人份

2~3大匙法式油醋酱（法式油醋酱做法见30页）

1/2杯胡萝卜丝*

1/2杯樱桃萝卜，切薄片（可使用蔬果切片器）

2杯豌豆苗

1个946毫升（32盎司）容量的梅森罐

*胡萝卜切法请见27页

做法 HOW TO DO

将油醋酱倒入梅森罐，依次铺上胡萝卜和樱桃萝卜，剩下空间装满豌豆苗，拧紧瓶盖，放入冰箱。

西南风味沙拉

五彩缤纷又富含蛋白质和抗氧化物质的丰盛沙拉，绝对让你坚持到晚餐时刻不会饿。酱汁里还可加点辣酱，挑战不一样的滋味。

材料 INGREDIENTS ···1人份

3大匙青柠油醋酱*

1/2杯黑豆，冲水、沥干

1/2个番茄，切丁

1/4个红甜椒，切丁

1/4个黄甜椒，切丁

1/2杯切丁牛油果（可不加）

1/2杯玉米粒，新鲜或冷冻皆可

2杯苦苣

15克车达奶酪，磨碎

1个946毫升（32盎司）容量的梅森罐

*青柠油醋酱做法在19页

做法 HOW TO DO

首先把油醋酱倒入梅森罐，一层层依次放入黑豆、番茄、甜椒、牛油果与玉米，最后放入绿叶菜及车达奶酪。拧紧瓶盖，放入冰箱。

芝麻菜松子帕玛森奶酪沙拉

我爱芝麻菜！芝麻菜是超市里可以买到的最营养的绿叶蔬菜了，它永远在我的必买清单上。我喜欢可以突显芝麻菜辛辣风味的沙拉。这道食谱还使用了松子和带有坚果味的帕玛森奶酪以及鲜红的小番茄来搭配芝麻菜。

材料 INGREDIENTS ······························1人份

1大匙橄榄油

1/3杯松子

2~3大匙柠檬油醋酱*

1杯对半切的小番茄

$2^1/_2$杯芝麻菜

2大匙现刨帕玛森奶酪

1个946毫升（32盎司）容量的梅森罐

*柠檬油醋酱做法在13页

做法 HOW TO DO

用小平底煎锅以中火加热橄榄油，加入松子煎炒，不停拌炒约3分钟，直到颜色呈淡棕色。把锅子从炉火上移开，放到一旁冷却。

在梅森罐里叠放食材，先倒入油醋酱，再放小番茄、芝麻菜、松子，最后撒上帕玛森奶酪。拧紧瓶盖，放入冰箱，或直接放入手提袋，就可当午餐便当。

羽衣甘蓝牛油果沙拉

　　羽衣甘蓝牛油果沙拉近期开始流行起来，因为羽衣甘蓝是"超级食物"，不仅热量低（一杯才33卡路里），还含大量维生素A、维生素C、维生素K以及钙质与纤维素，这些都是人体所需的营养素。这道沙拉有柠檬的香气和酸味，有羽衣甘蓝叶的爽脆口感，再搭配绵密的牛油果，合起来就是超营养又美味的午餐。

材料 INGREDIENTS ···1人份

1个牛油果

$2^1/_2$杯羽衣甘蓝

3大匙柠檬油醋酱*

1/3杯红洋葱薄片

1个946毫升（32盎司）容量的梅森罐

*柠檬油醋酱做法在13页

做法 HOW TO DO

　　牛油果切两半，去果核。用汤匙把牛油果肉挖出，切成1厘米的小丁，放置一旁。去掉羽衣甘蓝中心的硬梗，将甘蓝叶切成约5厘米的块状大小。把甘蓝叶放在大碗中，用双手轻轻搓揉，这样能让菜叶变软，会比较好吃。若准备将这道沙拉放到下周再吃的话，不要搓得太用力，以免太软，影响口感。在梅森罐中叠放食材，先倒入油醋酱，然后放入洋葱和羽衣甘蓝，最上层放牛油果。拧紧瓶盖，放入冰箱。

小贴士

这道沙拉和杧果也很对味，可以在羽衣甘蓝上面放1/2杯的杧果丁，最上层再放牛油果丁。

梅森罐中可放3天，但也要视牛油果的鲜度而定。如果没打算隔天就吃掉沙拉的话，不要使用熟透的牛油果。

大麦羽衣甘蓝沙拉

这道沙拉使用了绿叶蔬菜和谷类，这两者很搭。番茄、小黄瓜和甜椒有着爽脆的口感和酸甜的风味，但真正的亮点还是羽衣甘蓝和大麦。

材料 INGREDIENTS·····································1人份

1杯水

1小撮盐

1/2杯即食大麦，可煮成$1^1/_2$杯熟大麦

3大匙白酒油醋酱*

$2^1/_2$杯大匙红洋葱丁

1/2杯切成4等份的小黄瓜片

1/2杯对半切的小番茄

1/2杯红甜椒丁

2杯稍微切一下的羽衣甘蓝分量[3]

1个946毫升（32盎司）容量的梅森罐

*白酒油醋酱做法在112页

做法 HOW TO DO

把水倒入平底深锅，开大火，加一撮盐，把水煮滚。加入大麦后转小火，加盖焖10~12分钟，或煮到水分全部蒸发。把锅子从炉火上移开，置于一旁，等大麦冷却的同时准备沙拉的其余部分。

把油醋酱倒入梅森罐底，一层层依次加入洋葱丁、小黄瓜、小番茄、一杯煮熟的大麦以及红甜椒。罐内剩余的空间填满羽衣甘蓝。拧紧瓶盖，放入冰箱。

注3　先切掉羽衣甘蓝中间的硬梗，再把甘蓝叶切成5厘米左右的块状。

鹰嘴豆希腊沙拉

在希腊沙拉里加入鹰嘴豆更添美味。这道沙拉没有绿叶蔬菜，适合暂时对青菜厌倦但又想吃健康午餐的你。费塔奶酪搭配橄榄是人间美味，鹰嘴豆可帮助你抑制食欲，又富含锌与蛋白质。这道沙拉不需要太多分量就能有饱足感，你一定会喜欢！

材料 INGREDIENTS ···································1人份

2大匙柠檬油醋酱*

1/2杯鹰嘴豆，洗净沥干

1/3杯对半切的小番茄

1/3杯切成4等份的小黄瓜片

2大匙红洋葱丁

2大匙去子黑橄榄，切开

30克捏碎的费塔奶酪

2大匙切碎的新鲜香菜

1个473毫升（16盎司）容量的梅森罐

*柠檬油醋酱做法在13页

做法 HOW TO DO

把油醋酱倒入梅森罐瓶底，加入鹰嘴豆。接着依次一层层叠放小番茄、小黄瓜、洋葱、橄榄、费塔奶酪，最后是香菜。拧紧瓶盖，放入冰箱。

大白芸豆综合蔬菜沙拉

晚餐不想吃太多，或者想吃点轻食的时候，我会迅速准备这道大白芸豆沙拉。加了香草、大白芸豆、柠檬、红酒油醋酱的沙拉，用皮塔饼包着吃刚刚好。夹到绿叶生菜里吃也很不赖，不但健康且蛋白质丰富。

材料 INGREDIENTS…………1人份

2大匙红酒油醋酱*

1/2份大白芸豆沙拉（做法见下方）

1/2杯切成4等份的黄瓜片

1/2杯新鲜番茄，剁碎

$2\frac{1}{2}$～3杯综合绿色蔬菜

1个946毫升（32盎司）容量的梅森罐

*红酒油醋酱做法在16页

做法 HOW TO DO

把食材一层层铺在梅森罐内，从油醋酱开始，然后加入大白芸豆沙拉，接着是黄瓜与番茄，剩下的空间塞满绿叶蔬菜。拧紧瓶盖，放入冰箱。

大白芸豆沙拉
可制作2份约240毫升的分量

材料 INGREDIENTS…………1人份

3大匙切碎的红洋葱

1大匙橄榄油

1～2小匙红酒醋

1大匙柠檬汁

1罐（约450克）大白芸豆，洗净沥干

3大匙切碎的新鲜香菜

1/2小匙切碎的新鲜迷迭香

1/2小匙切碎的新鲜百里香

盐和黑胡椒少许

做法 HOW TO DO

把红洋葱放入大碗中，倒入橄榄油、红酒醋与柠檬汁，再加入大白芸豆、香菜、迷迭香、百里香，撒上盐和黑胡椒调味。

将食材混合搅拌均匀，可制作梅森罐沙拉，也可直接享用。

菠菜樱桃萝卜藜麦沙拉

　　藜麦看似壳类，实际上却是种子，含有丰富的营养素。藜麦富含蛋白质、纤维质和铁质，口感松软最适合拌入沙拉。我把藜麦、菠菜、樱桃萝卜与豌豆一起做搭配，研发出这道食谱。

材料 INGREDIENTS·······································1人份

1/4杯未煮藜麦

1/2杯水

2~3大匙蓝莓油醋酱*

1/3杯小黄瓜厚片

1/3杯新鲜番茄，切丁

1/3杯新鲜豌豆（或以甜豌豆取代）

1/2杯樱桃萝卜薄片

2杯菠菜叶

1个946毫升（32盎司）容量的梅森罐

*蓝莓油醋酱做法在23页

做法 HOW TO DO

　　在流水下仔细冲洗藜麦，洗好后倒入平底锅中，加水开大火煮滚。水滚后开小火，盖上盖子慢慢焖15分钟，直到藜麦完全吸干水分。等待藜麦冷却后，才可制作沙拉。

　　接下来在梅森罐内一层层铺上食材，首先倒入油醋酱，接着是小黄瓜、番茄、豌豆与樱桃萝卜。加入藜麦，最后放入菠菜叶。拧紧瓶盖，放入冰箱。

布格麦食沙拉

布格麦[4]食（bulgur wheat）是比较少被使用的全谷物，搭配这道地中海风味沙拉相当适合。这个食谱做出来的沙拉分量十足，很适合带去晚宴聚餐，可以喂饱好多人。如果是自己吃的话，可以将食谱的材料减半，用473毫升容量的罐子装。

材料 INGREDIENTS ···1人份

1/2杯未煮的布格麦食

1杯开水

3大匙柠檬油醋酱*

1/2杯鹰嘴豆，洗净沥干

3大匙剁碎的红洋葱

1/2杯切丁黄瓜

*柠檬油醋酱做法在13页

1/2杯切丁红甜椒

1/2杯对半切的小番茄

2大匙切碎的新鲜莳萝

2大匙切碎的新鲜香菜

70克捏碎的费塔奶酪

1个946毫升（32盎司）容量的梅森罐

做法 HOW TO DO

把布格麦食放入耐热玻璃碗中，倒入滚水。用保鲜膜包住碗口，静置20分钟，或等到大部分的水已被布格麦食吸收。若碗里还有剩余的水分，直接将布格麦沥干，放置一旁冷却。

把油醋酱倒入梅森罐，再一层层叠放食材，依次放入鹰嘴豆、红洋葱、黄瓜与红甜椒。接着装入布格麦食，压紧。在布格麦食上再放入番茄、莳萝与香菜。最后撒上费塔奶酪。拧紧瓶盖，放入冰箱。

注4　布格麦是一种带着麦麸的小麦片。将麦子煮熟后再干燥制成，食用时仅需放入水里烹煮或以热水冲泡即可。

草莓山羊奶酪沙拉

这是春天里我最爱的沙拉。逛农贸市场时看到一箱箱草莓出现在摊位上，就能感受春天的到来，这是你不会想错过的美好时节。每年的草莓季我都尽可能把草莓运用在各式料理中，而不会仅限于甜点。

这道沙拉里没有硬质的食材可以间隔油醋酱与其他材料，所以我建议使用烘焙纸或保鲜膜折成装油醋酱的杯子，放在梅森罐最上层。食用沙拉前，把油醋酱先倒入大碗，之后再倒入其余食材拌一拌即可。

材料 INGREDIENTS··1人份

2/3杯草莓，切片

3杯菠菜叶，切成小块

1/3杯核桃

40克捏碎的山羊奶酪

2～3大匙香脂醋油醋酱*

1个946毫升（32盎司）容量的梅森罐

*香脂醋油醋酱做法在31页

做法 HOW TO DO

将草莓放在罐底，不倒入油醋酱，加入2杯菠菜叶，接着放核桃，接着再放剩下的1杯菠菜叶。最后撒上山羊奶酪。

用烤盘纸或保鲜膜在罐口折出一个小杯子，把油醋酱倒入小杯中，瓶盖压在往外折的烘焙纸或保鲜膜上，然后拧紧，放入冰箱。

亚洲风味蔬菜沙拉

农贸市场里我最爱的菜贩偶尔会卖山葵叶及亚洲风味综合蔬菜，这道沙拉的灵感就此诞生，辛辣的山葵叶和橘子的甜味与干脆面的酥脆是绝配。

材料 INGREDIENTS·······························1人份

3大匙和风油醋酱*

1/2杯切丁红甜椒

1/2杯橘子

2杯亚洲风味蔬菜（如雪里蕻或红绿芥菜）

2大匙葱花，不要用绿色部分

1/2杯山葵叶

1/2杯苜蓿芽

3大匙香脆的干脆面

1个946毫升（32盎司）容量的梅森罐

*和风油醋酱做法在97页

做法 HOW TO DO

把油醋酱倒入梅森罐，再加入红甜椒，隔开油醋酱和其余食材。接着放入橘子，再加入绿叶蔬菜，顺序是：亚洲风味综合蔬菜，然后是葱花、山葵叶、苜蓿芽，最上层放入干脆面，拧紧瓶盖，放入冰箱。

考伯沙拉

考伯沙拉也叫科布沙拉，据说是1930年代罗伯·考伯（Robert Cobb）发明的，他是好莱坞知名连锁饭店布朗德比（Brown Derby）的老板。考伯沙拉很快变成餐厅的招牌菜，这股风潮还席卷了全美国的餐馆，也吹进家家户户的厨房里！

食材全切碎处理的沙拉最适合当午餐，能让人有饱足感，且富含蛋白质。考伯沙拉里的各种质白质把梅森罐塞得很满，但如果想再加点分量，可以多加点长叶莴苣。关于鸡肉，你可以用现烤鸡胸肉，或利用冰箱里剩下的鸡肉料理。

材料 INGREDIENTS……1人份

1个鸡蛋

2片培根

1/2个牛油果

$1^1/_2$大匙法式油醋酱*

1/4杯番茄丁

2大匙切碎的新鲜香菜

1大匙切碎的香葱

1/4杯长叶莴笋，切成5厘米长条状

1/4杯煮熟的鸡胸肉丁

28克蓝纹干酪

1个473毫升（16盎司）容量的梅森罐[5]

*法式油醋酱做法在24页

做法 HOW TO DO

把蛋放在平底深锅中，水没过蛋，大火煮沸，水滚马上关火。盖上锅盖，焖11分钟，把蛋取出置于冷水中冷却，剥壳后把蛋切碎，静置一旁备用[6]。

取一小平底锅，开中小火，把培根煎到酥脆。把培根油沥掉，切成小片放一旁。将牛油果切丁。

在梅森罐中倒入油醋酱，依序分层放入番茄、香菜、香葱、碎蛋、长叶莴笋、牛油果与鸡肉。把蓝纹干酪剥碎撒入，最顶层铺上培根。扭紧瓶盖，放入冰箱。

注5　若使用946毫升容量罐，把油醋酱增加为3大匙，长叶莴笋增加为2杯。

注6　梅森罐沙拉里的熟食材，必须等到完全冷却之后才可以装罐，不然会产生持续加热的问题，造成梅森罐内的食材变质腐坏。

石榴洋梨沙拉

这道沙拉总能带给我浓浓的秋意。整道沙拉的亮眼之处是酸酸甜甜的石榴子，洋梨和蓝纹奶酪也搭配相得益彰。你可以买整颗石榴自己剥，也可以直接买剥好的石榴子。

材料 INGREDIENTS ······························1人份

1个洋梨，去核，切片

3杯菠菜叶，切段

1/2杯石榴子

1/4杯稍稍切碎的核桃

30克捏碎的蓝纹奶酪

3大匙雪利酒油醋酱*

1个946毫升（32盎司）容量的梅森罐

*雪利酒油醋酱做法在28页

做法 HOW TO DO

把洋梨片铺在梅森罐底层，再放入2杯菠菜叶，然后加入石榴子、1/2杯菠菜叶以及核桃碎。接着铺上剩余的1/2杯菠菜叶，最后撒上蓝纹奶酪。

在罐口做个烘焙纸小杯，盛装沙拉油醋酱，拧紧瓶盖，放入冰箱。

香酥帕尔玛火腿奶油生菜沙拉

这道沙拉能挑逗你的味蕾，玉米和小番茄带出清爽的夏日风情，帕尔玛火腿和戈贡佐拉奶酪（Gorgonzola）散发咸香粗犷的调性。奶油生菜比较脆，所以放进梅森罐时小心别破坏了菜叶。

材料 INGREDIENTS ···1人份

1根玉米，去皮拔须

1~2小匙橄榄油

2片帕尔玛火腿

3大匙柠檬油醋酱*

1/2杯切半的小番茄

2杯奶油生菜，撕成5厘米大小

15~30克戈贡佐拉奶酪，剥碎

1个946毫升（32盎司）容量的梅森罐

*柠檬油醋酱做法在13页

做法 HOW TO DO

锅子里装水，水量淹过玉米。开大火把水煮滚，放入玉米煮5分钟。夹出玉米，放凉，把玉米粒切下。

取一平底煎锅，开中火，加热橄榄油。放入帕尔玛火腿，煎大约3分钟，火腿开始卷缩变脆即可。把火腿置于厨房用纸巾上放凉，然后切成小块。

接着把沙拉装瓶。先倒入油醋酱，第一层放小番茄，然后放玉米粒。接着放奶油生菜，压的时候不要太用力，免得菜叶破掉。加入戈贡佐拉奶酪，最上面摆上帕尔玛火腿片，拧紧瓶盖，放入冰箱。

水果沙拉

　　梅森罐是水果保鲜的利器，用946毫升容量罐装水果沙拉去野餐最棒了，在罐底放一点橙汁可防止水果变色。

材料 INGREDIENTS ···1人份

1个橙子

1/2杯葡萄

1/2杯杧果丁*

1个猕猴桃，切片

1/2杯蓝莓

1/2杯覆盆子

1/4杯草莓

1个946毫升（32盎司）容量的梅森罐

*切杧果步骤请见第79页

做法 HOW TO DO

　　橙子切两半，挤半个橙汁到梅森罐内，剩下半个橙子的果肉切成一口大小的果块，放到罐中。

　　葡萄切两半，把杧果丁和葡萄铺在柳橙上。加入猕猴桃，然后依序加入蓝莓、覆盆子、草莓，把罐子塞满，罐中空气越少，水果就越能保鲜。拧紧瓶盖，放入冰箱。

牛油果莎莎酱沙拉

如果你和我一样喜爱牛油果莎莎酱，一定常找机会去吃墨西哥餐吧？学会这道食谱，你可以任何时候想吃就吃，而且不会有吃大餐后的罪恶感！这道沙拉是随性版的牛油果莎莎酱拌生菜。如果想要口味重一点，可以加点辣酱在油醋酱里，或加多一点墨西哥辣椒。

材料 INGREDIENTS ···1人份

3大匙青柠油醋酱[*]

3大匙剁碎的红洋葱

1小匙墨西哥辣椒切末

1个番茄，切丁

3杯混合绿叶菜

1大匙新鲜香菜，切末

1个牛油果

1整块煮熟的鸡胸肉，切丁（可不加）

1个946毫升（32盎司）容量的梅森罐

[*]青柠油醋酱做法在19页

做法 HOW TO DO

把酱汁倒入梅森罐内。依次加入洋葱，墨西哥辣椒、番茄丁，再铺上混合绿叶菜，撒上香菜。

把牛油果切半，去核，用汤匙挖出果肉后切丁。把牛油果铺在菜叶之上。拧紧瓶盖，放入冰箱。

如果想加鸡胸肉丁，食用当天早上再放入罐中。

棕榈心沙拉

很可惜棕榈心[7]这种食材没有被大力推广，这种蔬菜白白的，口感爽脆，吃起来有点像洋蓟[8]，有丰富的钾和维生素B_6。

材料 INGREDIENTS·······················1人份

4根芦笋

1~2大匙辣柠檬油醋酱*

1杯棕榈心，切片（或买罐头）

1/2杯对半切的小番茄

1~2大匙新鲜香菜，切末

黑胡椒少许

1个473毫升（16盎司）容量的梅森罐

*青柠油醋酱做法在19页

做法 HOW TO DO

平底深锅装盐水，大火煮开，加入芦笋煮2分钟，煮到芦笋变成亮绿色但不要煮烂。把芦笋从锅中夹起，泡入冰水中凉1分钟。从冰水中捞起芦笋，切掉每根芦笋底部3~4厘米较老的部分，剩下的部分切成约3厘米长的小段。

把酱汁倒入梅森罐底层，接着放入棕榈心、番茄与煮过的芦笋。最上层放香菜，视个人口味撒上黑胡椒，拧紧瓶盖，放入冰箱。

注7　是栳思特棕榈树的树茎，被称作"蔬菜之王"。网络上可以买到罐头。
注8　又称朝鲜蓟或菜蓟。口感介于鲜笋和蘑菇之间，有"蔬菜之皇"的美誉。

凯萨沙拉

　　凯萨沙拉很常见，不过也不见得不能做成梅森罐沙拉！凯萨沙拉酱一般会用蛋黄和沙丁鱼为基底制成，而梅森罐沙拉通常又会在冰箱放个几天，所以我建议另外购买现成的凯萨沙拉酱。尝试看看带罐凯萨沙拉去上班，中午配着三明治吃吧！

材料 INGREDIENTS ·· 1人份

$1^1/_2$杯长叶莴苣，切碎

2大匙帕玛森奶酪丝

1/4杯面包丁，买现成的或自制皆可

1～2大匙现成的凯萨沙拉酱

1个473毫升（16盎司）容量的梅森罐

做法 HOW TO DO

　　把长叶莴苣放到梅森罐中，加入奶酪丝和面包丁。在罐口折出盛装酱汁的小杯，倒入凯萨沙拉酱。拧紧瓶盖，放入冰箱。

自制面包丁

如果你有快要坏掉的面包，那拿来做面包丁再适合不过了。烤箱预热至190℃，把面包切成约2厘米大小，分量大概1/2杯。拿一小碗，将面包丁和2大匙橄榄油混合，用盐、胡椒和少许蒜粉调味。把面包丁倒在烤盘上，烤大约15分钟，直到金黄焦脆。从烤箱中取出，放凉。

苹果苦苣沙拉

进入秋季是苹果的盛产期，这时很适合来做几道以苹果为基底的沙拉料理。苹果苦苣沙拉做法简单，但是可别小看它，这是享受新鲜苹果美妙滋味的好方法。只要把沙拉食材压紧，让罐子里不会有太多余的空气，苹果就不会变色了。

材料 INGREDIENTS··1人份

1颗嘎啦苹果或红富士或其他买得到的苹果

$2\frac{1}{2}$杯切碎的苦苣，切成5厘米长

$1\frac{1}{2}$汤匙的青葱花

1/4杯切碎的核桃

60克的碎山羊奶酪

3大匙苹果蜂蜜油醋酱*

1个946毫升（32盎司）容量的梅森罐

*苹果蜂蜜油醋酱做法在111页

做法 HOW TO DO

苹果去核、切成薄片，放进梅森罐的底部，倒进1杯苦苣；一层葱花；再1杯苦苣与全部的核桃，最后把剩下的苦苣全倒进来，山羊奶酪铺在最上面。

用烘焙纸做一个杯子装油醋酱，或是用别的小容器分开装。罐子密封好，冷藏备用。

菠菜蓝莓蓝纹奶酪沙拉

水果和蓝纹奶酪很搭，这道水果奶酪沙拉中的蓝莓和蓝纹奶酪也是绝搭，是这道甜甜咸咸的夏日沙拉里的主角。这两种强烈的味道让一个简单的菠菜沙拉的味道变得浓郁丰富，很适合当作午餐或是夏日烧烤时的配菜。

材料 INGREDIENTS ··1人份

1/2杯蓝莓

3杯菠菜叶

1/4杯削片或切片杏仁

60克碎蓝纹奶酪

3大匙红酒油醋酱*

1个946毫升（32盎司）容量的梅森罐

*红酒油醋酱做法在16页

做法 HOW TO DO

把蓝莓放在梅森罐底部，再依次放进2杯菠菜、全部的杏仁片、1杯菠菜，最后铺上蓝纹奶酪。在奶酪上面再用烘焙纸杯装红酒油醋酱，罐子密封后冷藏备用。

小贴士

若是想在制作沙拉的当天食用的话，可把酱料放在梅森罐底部，不用另外使用烘焙纸杯盛装。蓝莓不浸在酱料里可以保存比较久。

托斯卡纳面包沙拉

这道沙拉源自于意大利托斯卡纳农民的家常凉拌菜，食材有番茄、罗勒、油醋酱和干面包。昨天没吃完的法式面包最适合用来做面包沙拉。我将自己最喜爱、也是制作方法最简单的培根生菜番茄三明治改成沙拉的样式。

材料 INGREDIENTS ···1人份

3片培根

2～3大匙柠檬油醋酱*

1/2杯小番茄对半切，或大番茄切块

1/3杯混合绿叶菜

1/3杯面包丁或撕碎的法国长棍面包[9]

1个946毫升（32盎司）容量的梅森罐

*柠檬油醋酱做法在13页

做法 HOW TO DO

取一平底锅，开小火煎培根，煎得金黄酥脆后，铲起放在餐巾纸上吸油，切成小块备用。

把油醋酱倒进梅森罐，依序放入番茄、生菜和面包丁，喜欢酥脆口感的话，也可以将面包丁分开放在烘焙纸杯内，这样就不会因为吸到水分变软了。将梅森罐密封冷藏。

食用时，将沙拉倒入大碗中拌匀，静置数分钟，可让面包吸一点酱汁变得柔软一些。

注9　将当天做的新鲜面包撕成3厘米大小，用手撕也可以。

午餐好料理
More Lunch Ideas

本章要介绍的菜肴很适合在正餐时享用，不过放在梅森罐里也是很棒，这样想吃的时候只要取出需要的分量就好。下面这些汤品、通心面、炖饭还有其他的饭类和本书里的沙拉使用相同的蔬菜水果，一定可以让大家吃到美味又健康的餐点。

青酱意式饺佐
樱桃番茄马苏里拉奶酪

　　每年夏季我都会种罗勒，收割后制成大量的青酱保存。假若你家里没有空间可以自己种，那可以在罗勒价格便宜的夏季一次大量采购。这种意式的沙拉不需要很长的制作时间，不管是分层的或是混合在一起，放在冰箱都很容易保存，所以事先准备好放几天也无妨。这是一份适合大型聚会的食谱，若是想当作隔天上班的午餐，可以将分量减半。

材料 INGREDIENTS··1人份

2杯未煮过的新鲜意式饺

1大匙橄榄油

2大匙青酱*

1大匙切成薄片的红洋葱

1杯樱桃番茄，对半切

1/4杯低脂马苏里拉奶酪球

1个946毫升（32盎司）容量的梅森罐

*青酱做法在74页

做法 HOW TO DO

　　按照包装上的指示煮意式饺，煮好后沥干放到大碗中。想要将饺子放在罐中保存时，可以淋上橄榄油防止饺子粘黏。

　　先在罐中依次放入青酱、洋葱、番茄、马苏里拉奶酪和饺子。也可以将所有的材料放入大碗中一起拌匀，将罐子或是大碗封好，冷藏待用。这道菜热食、冷食均可。

青酱做法

1/4杯再加1匙橄榄油（分开使用）

1/4杯的松子

4杯压紧满杯的罗勒叶

1/2杯磨碎的帕马森奶酪

1/4小匙盐

1/4小匙黑胡椒

做法 HOW TO DO

在小平底锅中用中火加热1匙橄榄油后，放入松子炒至金黄色，时间约3分钟，将罗勒、1/4杯的橄榄油、帕马森奶酪和松子放入果汁机或食品处理机中，最后放入盐和黑胡椒打到青酱顺滑为止。

小贴士

如果有很多的罗勒，你可以全部做成青酱放到冷冻室备用。把青酱倒进制冰盒冷冻，结块后再分装到拉链塑胶袋冷冻。要用的时候，放到煮好沥干的面食中，就能迅速解冻。

海岸区意大利面

我在参观意大利南部的索伦托时，第一次尝试到阿玛菲海岸的主食，我就不断地想要做出相同滋味的料理。这道料理的优点就在于它非常简单，只要意大利面、角瓜、罗勒、橄榄油和帕马森奶酪，就能做出清爽又新鲜的面食，而且隔天吃味道依旧美妙。

材料 INGREDIENTS···1人份
1/2杯橄榄油
4根角瓜，切成薄片
1/3杯切丝罗勒（加越多味道越好）
盐和黑胡椒少许
400克左右的意大利面
1/2杯磨碎的帕马森奶酪，另准备多一些可在食用时添加
4个473毫升（16盎司）容量的梅森罐

做法 HOW TO DO

开中火，在平底锅中加热橄榄油后，放入角瓜，拌炒5分钟，炒软后加入罗勒、盐和新鲜现磨的黑胡椒调味，再煨煮2~3分钟。

再另外一个锅中煮意大利面，依包装上的指示煮熟，但不要煮得太软。煮好后沥干放入炒角瓜的平底锅中，可依个人喜欢再加入1/2杯的奶酪和少许黑胡椒一起搅拌。趁热食用的话，可以加入更多的奶酪，或是放凉后分装倒进梅森罐中，密封好冷藏待用。或者可以将奶酪用烘焙纸包好带到办公室，将意大利面放在到碗中加热后食用。

西兰花苗猫耳朵

西兰花苗的味道有点苦，有些辛辣，但是我特别喜欢。这样的强烈味道搭上一点大蒜和红椒就很够味。放入猫耳朵一起炒，不用酱汁就能在烹煮后的这几天享受美味午餐或晚餐。

材料 INGREDIENTS ···1人份

1/4杯橄榄油   2杯未煮的猫耳朵

2瓣大蒜，切碎   1/4杯白葡萄酒

1/4小匙红辣椒片   帕马森奶酪，磨碎备用

1小匙盐   4个473毫升（16盎司）的梅森罐

1束西兰花苗

做法 HOW TO DO

开中火，在大平底锅中加热橄榄油后，放入蒜头和红辣椒，翻炒到大蒜变成金黄色，时间约1分钟。关火，将平底锅从炉具上移开。

在另外一个锅子中加水和1小匙盐，用大火煮滚。将西兰花苗的梗切掉7厘米左右，在清水中将叶片中的细沙洗干净，切成约4等份后放到滚水中煮3分钟，呈漂亮的鲜红色后捞起放到大碗中备用。再将猫耳朵放入刚才煮菜的滚水中，煮到熟透，但不要煮烂，时间约为10分钟。

在煮的期间，将平底锅放回炉上，开中火加热，把煮好的西兰花苗放进去搅拌，倒进沥干的猫耳朵和白酒，煮到酒精挥发为止。

食用前加入帕马森奶酪，趁热食用。也可以放凉后倒进梅森罐当午餐，想吃时再放到碗中加热。

咖喱鸡肉沙拉

晚餐的烤鸡要是没吃完，很适合拿来做鸡肉沙拉，可以在超市购买烤鸡来做这道沙拉，为下周的工作日做准备。香味浓郁的杧果和温和的咖喱让这道食谱的美味程度加分，也可以直接夹在面包中做三明治。

材料 INGREDIENTS·······················2人份

1/2个杧果，切成丁

烤鸡切块，分量为$1^1/_2$杯

1/2小匙咖喱粉

5匙蛋黄酱

1根芹菜，切成薄片

$2^1/_2$大匙红洋葱丁

盐和黑胡椒少许

三明治面包（随意）

2个240毫升（8盎司）的梅森罐

做法 HOW TO DO

将切块的杧果、鸡肉、咖喱粉、蛋黄酱、芹菜和红洋葱放入大碗，加入盐与黑胡椒调味。

将拌匀的沙拉放到罐中，密封后冷藏备用。要做三明治的话，可以用塑胶袋装2片面包带去办公室，要吃之前能烤一下面包的话，那当然就更好了。

切出完美杧果丁的秘诀

杧果中间有一个很大、很平的种子，切的时候先剥皮，将杧果立起，沿着扁平面从两侧将果肉切下来（两边往里面约1/3处）。如果还有果肉附在种子上，就用刀子把它们刮下来，把种子丢掉。想切丁的话，将切下来的果肉横切几刀、再纵切几刀，就可以切出正方形的杧果丁了。

马铃薯沙拉

这道放在梅森罐里的沙拉很适合野餐，但是带到办公室当作下午的点心或是搭配三明治食用也很棒。想要口感更丰富的话，可以放一些咖喱粉或是红辣椒片。

材料 INGREDIENTS ·······························2人份

1.5千克的马铃薯

1/2杯蛋黄酱

2小匙柠檬汁

1/2杯切碎的新鲜香菜

2大匙乡村风味的法式第戎芥末酱

3大匙韭菜末

1/2杯切成薄片的芹菜（约2根）

盐和黑胡椒少许

4个473毫升（16盎司）或2个946毫升（32盎司）的梅森罐

做法 HOW TO DO

将马铃薯放进加了盐的水中，水要完全覆盖马铃薯，用大火煮滚后，开小火煮15~20分钟，叉子能刺穿马铃薯，就表示熟透了，捞起沥干冷却备用。

拿一个小碗，放入蛋黄酱、柠檬汁、香菜和韭菜后，放在一旁备用。

等到马铃薯冷却后，切成4等份放到大碗中，加入芹菜，倒入刚才的小碗里的食材，再加盐、黑胡椒调味。拌匀后放到梅森罐中，密封冷藏。

培根辣酱意大利面

培根辣酱是我一直以来都很喜欢的酱汁之一，是罗马的经典美食。意大利培根比较像是没有烟熏过的培根，洋葱可以让传统的番茄口味变得很特别。这道酱汁通常和通心粉作搭配，但梅森罐比较适合笔管面。吸管面里的酱汁常会把衬衫弄得脏兮兮的，不是办公室午餐的好选择。

材料 INGREDIENTS···4人份

4大匙橄榄油

1个黄洋葱，切块

2瓣大蒜，切碎

180～240克的意大利培根，切碎

1匙红辣椒片

800克整颗去皮的番茄

500克笔管面

帕马森奶酪，磨碎备用

4个473毫升（16盎司）的梅森罐

做法 HOW TO DO

在平底锅内用中火加热3大匙的橄榄油，放入洋葱炒到变透明，接着放大蒜、培根、红辣椒片，翻炒到培根变得金黄酥脆，需要4～5分钟。

在炒培根时，将去皮的整颗番茄放到果汁机拌打，小心不要打到太稀。打好后倒入培根的煎锅中，转大火让酱汁煮沸，再转小火煨煮酱料，时间约15分钟。

按照包装袋上的指示煮通心粉，煮到熟透但不要煮烂，将面捞起沥干，如果是要分装到梅森罐的话，先在面上淋1大匙的橄榄油，就不会粘黏了。

在每个梅森罐中倒入3/4杯的酱汁，然后加满笔管面，总共需要$1\frac{1}{2}$杯笔管面；再撒上磨碎的帕马森奶酪，将罐子密封冷藏。食用时可倒入大碗内加热。

颗粒意大利面沙拉

至今，罗马的番茄干仍旧是日晒风干为主，番茄干的味道独特、浓烈，要添加到菜肴中的话需要有点技巧。我们可以利用没有味道的颗粒意大利面和菠菜等叶菜沙拉来平衡整道菜肴的口味。

材料 INGREDIENTS·······································1人份

1杯未煮的颗粒意大利面

1/2大匙橄榄油

2大匙红酒油醋酱*

1大匙切碎的红洋葱

1杯菠菜叶

1/4杯番茄干，切成细条

30～60克的碎费塔奶酪

1个473毫升（16盎司）的梅森罐

*红酒油醋酱做法在16页

做法 HOW TO DO

按照包装袋上的指示煮面，煮到熟透但不要煮烂，时间约10分钟，将面捞起沥干放入大碗中，淋一点橄榄油，才不会粘在一起。

把油醋酱、洋葱丁放进梅森罐，依序放入煮熟的颗粒意大利面、菠菜与番茄干，最上面再撒上费塔奶酪，密封冷藏备用。食用时放至室温回温或是直接加热。

鸡肉蔬菜小炒

炒菜是一个消耗蔬菜的好方法，而且超级好吃，蔬菜和鸡肉一起炒，配上米饭，就可以吃了，而且隔天当午餐一样美味。

材料 INGREDIENTS ··4～6人份

2大匙酱油　　　　　　　　　半颗洋葱，切条

2大匙原味米醋　　　　　　　2瓣大蒜，切碎

2大匙蜂蜜　　　　　　　　　$1^1/_2$杯的豌豆

1小匙红辣椒片　　　　　　　1大匙玉米淀粉

450克鸡胸肉　　　　　　　　1大匙水

3大匙植物油　　　　　　　　煮熟的米饭，备用

1个红椒，切片　　　　　　　4～6个473毫升（16盎司）的梅森罐

1个黄椒，切片

做法 HOW TO DO

酱油、米醋、蜂蜜、辣椒片放在小碗中备用；鸡胸肉切成2～3厘米长的鸡柳条。取一炒锅或是大的平底锅，开中火倒入2大匙的油，再放入红椒、黄椒、洋葱和蒜头翻炒，直到红黄椒与洋葱变软，时间约3分钟，将蔬菜盛盘。

不要关火，将锅子放回炉上，加1大匙油，放入鸡胸肉后转大火，翻炒约4分钟，将鸡肉炒熟。这时候就可以将刚炒好的蔬菜倒回锅中，再加入豌豆和刚才备好的酱料。

取一小碗水加入玉米淀粉，搅拌均匀后加入锅中煮滚，时间为3～4分钟，等待酱汁变得浓稠，将热锅从炉具上移开，淋在饭上即可食用。也可以冷却后放入梅森罐。想当作隔天午餐的话，可以将炒蔬菜先放进473毫升的梅森罐，上面再铺上米饭，就可以密封冷藏备用。想吃的时候，将食物倒在碗里放入微波炉加热。

炒饭

只要有基本的调味料，就能轻松做炒饭，用家里剩下的米饭，就能变化出各种不同风味的午餐。炒饭也是让自己多吃青菜的好方法，冰箱里的任何青菜几乎都可以加到炒饭中。

材料 INGREDIENTS ···4人份

1匙番茄泥

1大匙红糖

2瓣大蒜，切碎

2根红辣椒或墨西哥辣椒，切段

2大匙水

2杯切碎的青江菜或西兰花苗

250克蘑菇，切片

1/4杯花生油，分开使用

5杯米饭（最好是剩饭）

5大匙酱油

盐和黑胡椒少许

4个473毫升（16盎司）的梅森罐

做法 HOW TO DO

将番茄泥、红糖、大蒜、辣椒和水放进食物料理机，将食材拌打至浓稠、滑顺。在平底锅中放1大匙的花生油后，放入青江菜（或其他的青菜）和蘑菇，以中火翻炒5分钟，不用把青菜炒到太软，之后继续炒饭时，青菜会变得更软。

取另一个平底锅，倒入剩下的花生油以中大火加热，倒进刚才打好的番茄泥，翻炒2~3分钟，炒出香气后，倒入剩饭，让每一粒米饭都能均匀沾到酱汁，不要有结块。炒7~10分钟让饭热透。要持续翻炒，加入酱油，翻炒均匀，以盐和黑胡椒调味后，把炒好的青菜倒进来拌匀。

这道料理可以趁热吃，或是等到冷了之后放进梅森罐。炒饭的饭粒比较容易撒出来，装罐时要小心，装好后密封冷藏备用。想吃时，把饭放到微波炉加热即可食用。

> **小贴士**
> 加一点鸡肉、牛排或是猪肉就能增加蛋白质，可以在吃的当天再放进罐子。

意大利白腰豆浓汤

　　这道白腰豆[10]浓汤是意大利的农家菜，食材简单又平价，是重要的蛋白质来源。我的姑祖母莉亚艾达很会做这道菜，我是向她请教后写出这道食谱的。这道汤传统上是不会加肉的，因为肉相对比较贵，不过我还是加了一点培根。如果你吃素，那就不要加培根，然后把牛肉汤块改用蔬菜汤块即可。

材料 INGREDIENTS ··6人份

2大匙橄榄油

90克的培根，切碎（自由添加）

1/2颗黄洋葱，切碎

2瓣大蒜，切丁

1根胡萝卜，去皮切丁

1根芹菜，切丁

1/2匙迷迭香，切碎

1/2匙百里香，切碎

5杯水

1块牛肉汤块（或蔬菜汤块）

约800克番茄，切丁

$1^{1}/_{4}$杯未煮过的通心粉

450克白腰豆罐头或红腰豆罐头，洗净沥干

盐和黑胡椒少许

1/2杯切碎的新鲜香菜

帕马森干酪，磨碎备用

6个473毫升（16盎司）的梅森罐

做法 HOW TO DO

　　将橄榄油倒进一中型平底锅，开中火加热，放入切碎的培根，煮到培根金黄熟透，然后加入洋葱、大蒜、胡萝卜、芹菜、迷迭香和百里香，再放入盐和黑胡椒调味，拌炒到青菜变软。

　　在煮蔬菜和培根的同时，将水放进小锅中开大火煮滚，放入汤块，搅拌让它溶化后，将锅离开炉具，放置一旁备用。将番茄丁放到果汁机中打成泥，将番茄泥和高汤水倒入刚才的蔬菜中，开大火煮沸后转中火煮10分钟。煮沸后放进通心粉和腰豆，煮到粉变软、弹牙，时间为10～11分钟，过程中需要经常搅拌，最后放进去香菜和帕马森干酪，就能上桌享用。或是待冷却后放进梅森罐中密封冷藏。食用时微波加热，中途要用汤匙搅拌一次，才会均匀受热。

注10　白腰豆（Cannellini）在意大利是非常普遍的食材，可以凉拌、煮汤或压成豆泥来食用。在超市有贩卖白腰豆罐头，若买不到，用红腰豆代替也可。

焗烤西兰花

我知道你一定是在想：真的假的？焗烤西兰花？先别急着翻页，我保证这道菜绝对好吃！柠檬、橄榄油、大蒜和帕马森奶酪有神奇的魔力，可以将西兰花变成非常美味的一道午茶点心或是晚餐佳肴，让你食欲大增。

材料 INGREDIENTS ·······························3人份

1颗西兰花

2个蒜瓣（中）

1/2颗小的洋葱，切成0.3厘米宽的粗条

3小根新鲜百里香

2大匙橄榄油

1/2颗柠檬的汁

盐和黑胡椒少许

1/2杯磨碎的帕马森奶酪

3个473毫升（16盎司）的梅森罐

做法 HOW TO DO

将烤箱预热至220℃，将西兰花的梗切掉，再把每朵花菜对半切，将蒜瓣直切成3等份，把西兰花、蒜瓣、洋葱、百里香、橄榄油和柠檬汁都放到大碗中混合，再放入盐和胡椒调味。

将调好味的蔬菜放到烤盘，放入烤箱烤35分钟，过程中要拿出翻面。烤好取出后撒上奶酪，再放回烤箱继续烤10分钟。烤好后取出放凉，放进梅森罐中密封，放冰箱冷藏备用。

隔天带到办公室就是一道健康美味的午餐或是午茶点心，要食用时，可先微波加热。

甜椒马铃薯

我很喜欢这种可以作为配菜也可以当主食的料理，而且备料烹煮起来很轻松。既可以搭配烤鸡肉和沙拉当作晚餐，也可以带到办公室、搭配面包一起吃。甜甜辣辣的口感很开胃，简单又好吃。

材料 INGREDIENTS ·· 2～3人份

约450克彩色甜椒

15颗小马铃薯，切成4等份

1小匙干香菜

1小匙干蒜片

1小匙红辣椒片，或按个人喜好添加

1/4杯橄榄油

盐和黑胡椒少许

2～3个473毫升（16盎司）的梅森罐

做法 HOW TO DO

将烤箱预热到190℃，甜椒切成1.5厘米宽左右的条状，把辣椒子去除干净。和马铃薯一起放在烤盘上，取一小碗，放入蒜片、辣椒片和一点点的盐。将混合好的调味料淋在马铃薯和甜椒上，喜欢辣一点可以多加一些辣椒片，最后再淋上橄榄油与黑胡椒，拌匀即可。放入烤箱烤45分钟。烤20分钟左右时，取出翻面再继续烤，这样才能均匀受热。烤好拿出来放凉，再放到梅森罐密封冷藏，下周便可带到办公室当午餐。食用时可微波加热或是放到室温回温便可。

小贴士

超市通常会卖一整包的小甜椒，这样的话就不用费时间数有几颗，直接使用一整包就可以了。

鸡蛋沙拉

鸡蛋沙拉是很棒的午餐选择，因为要准备的材料很少，而且通常是冰箱与柜子里常见的食材与香料。除了煮鸡蛋比较耗费时间以外，其他的步骤只需要几分钟就能完成，却可以轻松做出一道很有饱足感的美味料理。

材料 INGREDIENTS ·······························2人份

4颗大型水煮鸡蛋，切块

1根芹菜，切细丁

1/4颗洋葱，切丁

$1\frac{1}{2}$～2大匙蛋黄酱

1小匙法式第戎芥末

1/2匙孜然粉

少许的红椒粉

盐和黑胡椒少许

三明治面包（随意）

2个473毫升（16盎司）的梅森罐

做法 HOW TO DO

把鸡蛋放在小锅中，水位超过鸡蛋，开大火煮到水滚后，关火，将锅子移开炉具，放上盖子，静置11分钟。用漏勺将蛋拿出来冲1分钟冷水。

在等待蛋熟的过程中，可先将芹菜与洋葱切开。

等到蛋熟、冷却后，把剥好壳的鸡蛋切块，和蔬菜丁一起放到大碗中，加入蛋黄酱、芥末、孜然粉与红椒粉，搅拌均匀后加盐与黑胡椒调味。

将鸡蛋沙拉放进梅森罐，密封冷藏。隔天将面包放进夹链袋，就能在办公室享受美味的鸡蛋沙拉午餐了。

古斯古斯面

尝起来有一种大地的味道，全年都可食用，但是在天气转凉时，更是适合拿来入菜。肉桂与葡萄干会增加料理的甜味，平衡松子烘过的味道。准备这道菜需要10分钟以上的时间，可搭配烤鸡肉、豆腐或是蔬菜一起吃。

材料 INGREDIENTS ···4人份

1大匙黄油
3/4匙甘椒粉[11]
3/4匙干燥香菜
3/4匙肉桂粉
3/4匙孜然粉
2匙黄糖
2杯蔬菜高汤

$1^1/_2$杯即食古斯古斯面
1/2杯松子
1/2杯葡萄干
1/2杯切碎的新鲜香菜
盐和黑胡椒少许
4个473毫升（16盎司）的梅森罐

做法 HOW TO DO

黄油放入平底锅，开中火加热熔化，放入甘椒粉、干燥香菜、肉桂粉、孜然粉与黄糖，搅拌1分钟让香料结合后，倒入蔬菜高汤，开大火煮滚。放入古斯古斯面后马上从火上移开，盖上锅盖，静置5分钟。

在等待的时间里，拿出一个小平底锅，开小火加热，放入松子搅拌约3分钟，让松子稍稍变成金黄色。

用汤匙将古斯古斯面拨散，放入葡萄干、松子、香菜搅拌后，加盐与黑胡椒调味。若想作为办公室午餐的话，可以在每个罐内放1杯调好味的古斯古斯面，然后密封冷藏备用。要吃的那一天再加入烤鸡肉或是豆腐，午餐时倒入盘子加热即可食用。

注11 甘椒粉又称多香果粉，原产于美洲的热带地区。干燥未成熟的果实与叶子可以作为香料使用，由于果实具有丁香、胡椒、肉桂、肉豆蔻等多种香料的味道，故称为多香果。

西班牙蔬菜冷汤

炎炎夏日没有什么比来一道冷汤更好的了，番茄盛产期时很适合来做这道汤品。西班牙料理的重点就是跟着时令，使用应季蔬果食材。要是买了太多番茄，家里又有昨天没吃完的法国面包，那么做一道番茄冷汤就是最好的选择。不用太在意每种食材的分量，只要调味到尝起来是你喜欢的味道就可以了。这份食谱是一位西班牙朋友来拜访我时做的，我一尝惊为天人，就请她将做法留给我了。

材料 INGREDIENTS···4人份

10颗小番茄

1根小黄瓜，削皮

1颗大红椒

1瓣大蒜

1/2颗白色甜洋葱

1/3根法国面包，撕小片

1/4杯白葡萄酒醋

1/2杯橄榄油（最好是西班牙产的）

1/3杯水

7～10根新鲜的香菜

1/2颗墨西哥辣椒，去子

盐和黑胡椒少许

4个473毫升（16盎司）的梅森罐

做法 HOW TO DO

将番茄切成4等份，小黄瓜削皮直切成4根长条，再切成0.5厘米的小丁。红椒去子，也是切成0.5厘米的小丁。将蔬菜和全部的食材，包括盐与黑胡椒，放进食物调理机或是果汁机内打成泥，打好后试一下味道，不够的话再多加一点盐与黑胡椒，之后倒入梅森罐密封冷藏。

在办公室食用时，可以将冷汤直接从冰箱拿出来，搭配面包一同吃。

鸡肉薄饼汤

我父亲曾经到新墨西哥州的洛斯阿拉莫斯工作过一段时间，我去看他时第一次尝到这道汤品，然后我就爱上它了。鸡肉薄饼汤里有肉、好吃的蔬菜、一些碳水化合物与很多香草，营养均衡。可以在煮汤时连鸡肉一起准备起来，要是想节省时间，我会建议使用现成的鸡肉或是直接到超市购买烤好的鸡肉。

材料 INGREDIENTS··6人份

4大匙橄榄油，分次使用

1/2颗黄洋葱，切块

1根胡萝卜，去皮切丁

1棵芹菜，切细丁

2瓣大蒜，切碎

1/2颗墨西哥辣椒，切细丁

1/2小匙红辣椒

2小匙辣椒粉

1小匙孜然粉

1/4匙干牛至

6杯低钠鸡汤

约800克番茄丁

10片墨西哥薄饼

1/2杯切碎的新鲜香菜，可留几根作为装饰

1罐（约400克）黑豆罐头，洗净沥干

3杯玉米粒，新鲜或冷冻均可

3片煮熟的鸡胸脯肉，切碎，$1\frac{1}{2} \sim 2$杯[12]

盐和黑胡椒少许

蒙特里杰克奶酪，磨碎备用

1颗柠檬，切成6瓣

6个473毫升（16盎司）的梅森罐

注12　可用2根叉子把鸡肉拨碎。

做法 HOW TO DO

开中火加热3大匙的橄榄油，放进洋葱丁，翻炒至变软，然后把胡萝卜、芹菜、蒜末、墨西哥辣椒放进锅子，再炒3分钟直到青菜变软。放进红椒粉、辣椒粉、孜然粉与干牛至翻炒1分钟。

倒进高汤与番茄丁，等待汤滚的同时，将薄饼切成1厘米宽左右的条状，待汤滚后和香菜一起放进汤中。转小火盖上锅盖焖煮，直到薄饼与汤融合变稠，时间约为30分钟，煮的过程中顺时针不停搅拌，然后放入黑豆、玉米与鸡肉丝，再煮10分钟。

在煲汤时，将烤箱预热至190℃，将几片薄饼切成0.5厘米宽的条状，放到碗里，把最后一汤匙的橄榄油放进去，加盐与黑胡椒调味后，平铺在烤盘上，烤到金黄酥脆，时间约为10分钟，从烤箱拿出来，放凉备用。

将汤盛到碗中，上面放烤好的薄饼与奶酪，每一份挤1/4片的柠檬汁，或待汤凉之后倒入梅森罐，将薄饼条、香菜、奶酪和柠檬放到烘焙纸杯中，放在每个罐子的上面，食用时先将汤加热，然后再加到汤中。

将罐子密封冷藏备用。食用时可以直接将罐子放到微波炉中加热，或是倒入碗中加热。

和风油醋酱

材料 INGREDIENTS ·····················4人份

2大匙柳橙汁

1大匙原味米醋

1小撮盐

1/4大匙酱油

1大匙蜂蜜

现磨黑胡椒少许

4大匙橄榄油

做法 HOW TO DO

将柳橙汁、米醋、盐、酱油、蜂蜜与黑胡椒打在一起，同时慢慢地将橄榄油加进去，打到变稠即可。

咖喱煨南瓜

有时候，我对凉拌的沙拉会突然没有食欲，只想要来一道热热的蔬菜料理来暖胃，那么这道加了小扁豆和香料的热咖喱煨南瓜就很适合，要记得在罐子里放一瓣柠檬，这样食用时就能挤上柠檬汁增加风味。

材料 INGREDIENTS ··· 3人份

1颗约600克的新鲜南瓜 $1\frac{1}{2}$小匙的咖喱粉

1杯水，可视需要增减   1颗柠檬，切成4瓣

1根香葱，切丁   盐与黑胡椒少许

1/2杯稍微切过的核桃   3个473毫升（16盎司）的梅森罐

3大匙橄榄油，分次使用   1/2杯未煮过的小扁豆

3大匙切好的新鲜香菜

做法 HOW TO DO

烤箱预热到215℃，南瓜切成2～3厘米的块状，和香葱、2大匙的橄榄油、咖喱粉一起放入烤盘，再撒上盐与黑胡椒调味。搅拌一下，放进烤箱烤30分钟，直到南瓜变软，烤到可以用叉子叉进去的程度。烤的过程中要翻面让南瓜均匀受热。烤好后从烤箱拿出放凉备用。

在烤南瓜时，将小扁豆和水放在平底锅中，用中大火煮滚之后，转小火煨煮20分钟直到变软。过程中视需要加水，煮软后沥干，加点盐，放凉备用。

取一小平底锅，开中火加热最后一匙的橄榄油，放入核桃翻炒一下，时间3～4分钟。

待炒好的食材冷却后，就可以装罐了。每一罐先放入1杯的南瓜，再加入半杯的小扁豆、1汤匙半的香菜与2～3汤匙的核桃。密封前再放一瓣柠檬在上面。食用时，先将柠檬取出，将全部的咖喱南瓜倒到碗里，搅拌混合后微波加热，再挤上柠檬汁，就能享受一道热腾腾的美味料理了。

辣椒牛肉

在秋天或是寒冷的冬季，有时我们需要一碗热乎乎的料理让身体温和起来。这道菜是以辣椒为基底，加上自己喜欢的蔬菜与香料，放在梅森罐中可以直接微波加热，不需要再倒在碗中，不过加热前要记得先拿掉盖子。

材料 INGREDIENTS ···4人份

2大匙橄榄油　　　　　　　　　　　1颗黄洋葱，切丁

450克牛肉馅　　　　　　　　　　　2瓣大蒜，切碎

1小匙孜然粉　　　　　　　　　　　1小匙干的百里香

1/2小匙红辣椒粉　　　　　　　　　2小匙辣椒粉

180克的番茄泥　　　　　　　　　　约800克番茄丁

1罐白扁豆，约400克，洗净沥干　　1个青椒，切碎

1包新鲜香菇，切片　　　　　　　　磨碎的车达奶酪，分量随意

4个473毫升（16盎司）的梅森罐

做法 HOW TO DO

取一大汤锅，开中火加热2大匙的橄榄油，放进洋葱，煮到软化。放进肉馅与蒜头，用汤匙将肉拨散，炒到有香味后放入孜然、百里香、红辣椒粉、辣椒粉和番茄泥，搅拌均匀后再煮1分钟。

放进番茄丁与白扁豆，开大火煮滚后，转小火煨煮30分钟。放进青椒与香菇再煨煮15～30分钟。

放凉后放进梅森罐，喜欢的话可以将车达奶酪用烘焙纸杯包起来放在上面。密封冷藏，想吃的时候加热即可。

普罗旺斯炖菜

夏天的农贸市场都会让人很惊艳，每个摊位都放满新鲜蔬菜，比如硕大的紫色茄子、成堆的角瓜与番茄，这样的场景让人知道夏天真的在这里了。

普罗旺斯炖菜就是一道将夏日时蔬放在一起享用的料理，虽然看起来不是很美，但准备的时间很短，而且滋味让你回味无穷！带到办公室时，可以搭配一点面包，常温或是加热食用都可以。在家也可以搭着意大利面一起吃。

材料 INGREDIENTS ·····································4人份

1个中型茄子，切丁   1根中小型角瓜

1颗黄洋葱   1颗青椒

1颗大番茄   2瓣大蒜，切丁

红辣椒片（随意）   3片罗勒叶，切成细条

2大匙橄榄油   盐少许

4个473毫升（16盎司）的梅森罐

做法 HOW TO DO

茄子削皮，切成2～3厘米的小丁，将茄子丁放在厨房用纸巾上，再撒上盐，静置30分钟后，用纸巾将多余的水分吸干。

在处理茄子的同时，将角瓜也切成2～3厘米的小丁，洋葱切大丁，青椒切条，番茄切成8等份。

等茄子吸完水之后，取一大平底锅，开中火加热2大匙橄榄油，放入茄子、洋葱、青椒、蒜瓣与红椒片，炒到蔬菜变软，时间约为10分钟。放入番茄与罗勒，不盖盖子煨煮30分钟。

关火，将平底锅从炉具上移开，趁热上桌食用，或是放凉后放到梅森罐里密封冷藏，当作隔天的午餐。食用前加热。

小贴士

若是想要搭配意大利面当作午餐，可以在适当大小的梅森罐内先放入一半的炖菜，上面放煮好的通心粉，通心粉要拌一点橄榄油才不会粘在一起。

鲜芦笋炖饭

"烹煮炖饭的要求很多"，但是从我自己的经验来说，这都是一派胡言。做炖饭很容易，只是需要一点点时间和耐心。一旦你学会一种炖饭，任何炖饭应该都难不倒你了。炖饭的烹煮方式都是一样的，就是要慢慢地把高汤加到米里面。唯一的差别就是变换食材，料理出不一样的味道。烹煮炖饭最困难的地方就是需要强壮的臂力！在煮的过程中不断地搅拌，不然成果会让人失望。不过学会搅拌的方法后，那么随时都能变出一道美味的炖饭了。

材料 INGREDIENTS··4人份

1扎芦笋，约450克　　　　　1杯新鲜磨碎的帕马森奶酪，再多准备一
1大匙黄油　　　　　　　　　些食用时使用
1/2杯切碎的黄洋葱　　　　　1颗刨丝的柠檬皮
1杯生米　　　　　　　　　　盐和黑胡椒少许
1/2杯干白酒[13]　　　　　　4个473毫升（16盎司）的梅森罐
6杯温热的低钠鸡汤

做法 HOW TO DO

芦笋的底部切掉约2厘米，然后放进煮滚的盐水中，稍微煮1～2分钟，再捞起芦笋放到冰水浸泡1分钟后，拿起来切成约3厘米长的小段。

取一中型平底锅开中火，放入黄油加热后，加入洋葱煮到半透明，再放入生米，翻炒到变成半透明但是米心还是白色的状态，倒进干白酒，煮到酒精几乎全部蒸发为止。

用汤勺加入1/2杯的高汤到锅中，搅拌均匀直到米吸进大部分的汤汁，持续搅拌，重复这个动作，直到加完3杯的高汤。放入芦笋，再重复刚才每次加1/2杯高汤、搅拌的动作，直到加完剩余3杯高汤为止。到米饭变得有嚼劲，需要时间为20～26分钟，放入磨碎的奶酪和柠檬皮，加入盐与黑胡椒调味。放凉后装入罐中，再撒上更多奶酪和黑胡椒。密封冷藏备用。

注13　干白酒，为不添加任何水、香料、酒精等，直接用纯葡萄汁酿造的酒。干白酒新鲜、清爽、有水果香味。

南瓜炖饭

秋天是南瓜丰收的季节，南瓜的口味细致柔和，需要正确的烹调才能将味道煮出来。来试试这种简单的炖饭食谱，搭配着南瓜的柔软质地，有着香甜口感。

材料 INGREDIENTS ···4人份

6杯温热的低钠鸡汤

1汤匙橄榄油

450克新鲜南瓜，切成3厘米小块

1大匙黄油

1/4杯黄洋葱丁

1杯生米

1/2杯干白酒

1杯新鲜磨碎的帕马森奶酪，分2份

盐和黑胡椒少许

新鲜的鼠尾草叶，装饰用

4个473毫升（16盎司）的梅森罐

做法 HOW TO DO

用平底锅开中火温热高汤。取另一平底锅开中火，加热橄榄油，放入南瓜煮5～10分钟，直到变软且色泽金黄为止，倒入盘子备用。

取一中型平底锅或汤锅，开中火，放入黄油加热，加入洋葱煮到半透明，再放入生米，翻炒到变半透明但米心还是白色的时，倒进白酒，煮到酒精几乎蒸发为止。用汤勺加入1/2杯的高汤到锅中，搅拌均匀直到米吸进大部分的汤汁，然后再加1/2杯的高汤，持续搅拌，重复加汤、搅拌的动作，这样米饭才能吸收汤汁，才会变软。

当你加完3杯的高汤后，放入南瓜并重复一次刚才加1/2杯高汤、然后搅拌的动作，让米饭变得柔软有嚼劲，时间约为20分钟，剩下的高汤就不要再加进去了。

最后的步骤是放入3/4杯磨碎的奶酪与胡椒调味。炖饭的米粒应该是饱满的，但却不会粘在一起。调好你喜欢的咸度之后，就可以放上剩余的1/4杯帕马森奶酪与鼠尾草摆盘上桌。也可以放凉后装入罐子，再撒上更多的奶酪与鼠尾草，密封冷藏备用。食用时倒入盘子微波加热。

牛肝菌炖饭

天气转冷时，新鲜的蔬菜会变少，就可以用菌类入菜来补不足。牛肝菌有一种温润的口感，和柔滑的米饭是绝配，我无法抗拒这道料理的美味。

材料 INGREDIENTS ·····································4人份

20克干牛肝菌	1/2杯干白酒
1杯热水	5杯温热的低钠鸡汤
1大匙黄油	1杯新鲜磨碎的帕马森奶酪
1/2杯黄洋葱丁	盐和黑胡椒少许
1杯生米	4个473毫升（16盎司）的梅森罐

做法 HOW TO DO

用一个小碗装热水，放入牛肝菌，静置30分钟。取出牛肝菌将水挤出，牛肝菌切段备用，浸牛肝菌的水留着。

取一中型平底锅开中火，放入黄油加热，加入洋葱煮到半透明后放入生米，翻炒到变成半透明但是米心还是白色时，倒进白酒，煮到酒精几乎都蒸发为止。

用汤勺加入1/2杯的高汤到锅中，搅拌均匀直到米吸进大部分的汤汁，然后再加1/2杯的高汤，持续搅拌，重复加汤、搅拌的动作，加了2杯高汤后，煮到汤汁吸得差不多时，这一次用汤勺舀起刚才浸牛肝菌的水倒进锅中，但是不要舀到下面的沙子。

持续搅拌，让米饭变得柔滑有嚼劲，通常需要5杯左右的高汤，最后放入帕马森奶酪、盐与黑胡椒调味。将平底锅从炉火移开，放冷后装到罐子中，再撒上更多奶酪，密封冷藏备用。食用时倒入盘子微波加热。

点心与蘸酱
Snacks and Dips

梅森罐很适合用来装点心，上班时可以拿来装蘸酱与抹酱；开
长途车时带着，就像是开始了愉快的小旅行；带去朋友的聚会
或是野餐也一定会很受欢迎。

普切塔开胃菜

每次准备这道开胃菜时，总是让我很惊喜，少少的食材，却能如此美味，这道健康美好的点心就像是在庆祝番茄的丰收。

材料 INGREDIENTS······················4人份
5颗番茄，切丁
1瓣大蒜，切碎
7~8片大罗勒叶，切丝
2大匙橄榄油
盐和黑胡椒少许
拖鞋面包或法国长棍面包片，稍烤一下
4个473毫升（16盎司）的梅森罐

做法 HOW TO DO

取一中型碗，放进番茄丁、蒜末、罗勒丝与橄榄油，再加盐与黑胡椒调味，封起来放冰箱冷藏30分钟，让味道混合在一起。然后倒入梅森罐密封冷藏。用夹链袋带几片面包和这道料理到办公室，食用时在面包上铺满满的调味番茄丁，就能大快朵颐了。

苹果蜂蜜油醋酱

材料 INGREDIENTS···4人份
2大匙苹果醋
1/2大匙蜂蜜
1小撮盐
现磨黑胡椒少许
3大匙橄榄油

做法 HOW TO DO

将苹果醋、蜂蜜、盐与黑胡椒打在一起，慢慢地将橄榄油加进去，打到变稠为止。

杧果莎莎酱

这道加了清脆红椒、洋葱的甜杧果莎莎酱是我的最爱，假若你从未试过杧果莎莎酱，肯定会一试忘不掉。

材料 INGREDIENTS···4人份

2颗杧果（小型的就用3颗），切成小丁

1/2颗红甜椒，切丁

1/4颗红洋葱，切细丁

2汤匙切碎的新鲜香菜

2颗墨西哥辣椒，切细丁

1/2颗柠檬的汁

盐和黑胡椒少许

三角玉米片，用来搭配莎莎酱食用

4个473毫升（16盎司）的梅森罐

做法 HOW TO DO

取一中型碗，放入杧果丁、红椒、洋葱、香菜与辣椒丁，再倒入柠檬汁，盐与黑胡椒调味。封起来放冰箱冷藏30分钟，味道混合在一起后便能食用。或是放到梅森罐密封冷藏。用夹链袋或是另一个梅森罐装三角玉米片，便能当作办公室午餐了。

白酒油醋酱

材料 INGREDIENTS···4人份

2大匙白酒醋

1小撮盐

现磨黑胡椒少许

3大匙橄榄油

做法 HOW TO DO

将白酒醋、盐与黑胡椒打在一起，慢慢地将橄榄油加进去，打到变稠即可。

牛油果莎莎酱

我个人认为牛油果莎莎酱是这世界上最美味的东西了，这份食谱我加了葡萄柚，多了一点柑橘的酸味，不同于经典食谱，但我很喜欢。葡萄柚微微的苦味调和了辣椒的辛辣并提升了牛油果滑润的口感。

材料 INGREDIENTS ··· 4人份

1/2颗葡萄柚

3颗牛油果

1/2颗红洋葱，切细丁

2颗墨西哥辣椒，切细丁

1/4杯切碎的新鲜香菜

1/2颗柠檬的汁

盐和黑胡椒少许

三角玉米片，搭配莎莎酱食用

4个473毫升（16盎司）的梅森罐

做法 HOW TO DO

将1/2颗葡萄柚去皮切片，厚度约2厘米，牛油果对半切，去核，用汤匙将果肉挖出来，放在大碗中，以木汤匙将牛油果捣成喜欢的软度，要保留一点块状增加口感。放入葡萄柚的果肉、洋葱、墨西哥辣椒、香菜与柠檬汁，多放一些盐和黑胡椒调味。尝一下，若需要的话可以再加盐与黑胡椒。将莎莎酱放梅森罐密封冷藏备用。用夹链袋或是另一个梅森罐装三角玉米片，便可以享受一道美味的餐点了。

辣味莎莎酱

想要来点刺激时不妨试试这道辣味莎莎酱，可以使用不同的辣椒提高挑战难度，像是更辣的朝天椒等。

材料 INGREDIENTS ·····························4人份

5颗小番茄

10株青葱（只取用葱白）

2颗墨西哥辣椒，对剖去子

1/2杯切碎的新鲜香菜

2~3颗柠檬的汁

2大匙的瓶装辣椒酱

1小匙大蒜粉

1小匙黑胡椒

盐少许

三角玉米片，搭配莎莎酱食用

4个473毫升（16盎司）的梅森罐

做法 HOW TO DO

拿出食物调理机，放进番茄、青葱、辣椒、香菜、柠檬汁、辣椒酱、蒜粉与黑胡椒，加盐调味。搅拌好后用一个漏斗将莎莎酱倒入梅森罐，密封冷藏，和玉米片一起享用。

辣鹰嘴豆泥蔬菜条

这道鹰嘴豆泥最适合用来当午后点心了，最棒的一点是可以把蔬菜条直直地放进梅森罐中，这样就能与豆泥装在同一个罐子，然后旋紧盖子就完成了！

材料 INGREDIENTS ···4人份

450克罐装鹰嘴豆，冲洗、沥干

5~6大匙橄榄油，依需要增减

1瓣大蒜，切碎

3大匙芝麻酱

1/2小匙盐

1/2小匙黑胡椒

6大匙柠檬汁

1小匙红辣椒片

芹菜和胡萝卜，蘸酱吃

4个473毫升（16盎司）的梅森罐

做法 HOW TO DO

将鹰嘴豆放在食物调理机中，再放入5大匙的橄榄油、蒜瓣、芝麻酱、盐、黑胡椒、柠檬汁与红辣椒片。将食材打成泥，想要更浓稠的口感，可以多加1大匙的橄榄油。

将芹菜与胡萝卜切成条状，长度和梅森罐等长，且盖子可以拧上的长度。先放半杯的鹰嘴豆泥到罐子里，然后再把蔬菜条直直地放进去，即可密封冷藏备用。

红椒费塔奶酪佐酱

烤红椒很有趣，原本脆又硬的蔬菜竟然可以变成软烂香甜，感觉很神奇！将烤好的红椒、费塔奶酪与红辣椒片打成泥，口味清甜又香味浓郁。

这道佐酱很容易制作，最难的要属烤红椒了，倘若没有时间，可以买现成烤好的，480克就很足够了。

材料 INGREDIENTS·······················4人份

4颗红甜椒

2瓣大蒜

$1\frac{1}{2}$杯的碎费塔奶酪（约270克）

1/4杯橄榄油

1匙红辣椒片

1/4匙辣椒粉

2大匙柠檬汁

盐和黑胡椒少许

口袋薄饼或是玉米片，搭配酱料食用

4个473毫升（16盎司）的梅森罐

做法 HOW TO DO

使用烤箱或是烤盘来烤红甜椒，烤到表皮起泡变黑，时间约为5分钟。取出后放到牛皮纸袋，封住袋口，静置15分钟放凉。然后将甜椒的皮撕掉，去皮、去子后切条，放到食物调理机。大蒜切片，一起放入调理机，再加入奶酪、橄榄油、红辣椒片、辣椒粉、柠檬汁与黑胡椒调味。打到浓稠后，试一下味道，需要的话可加盐与黑胡椒调味。将佐酱放到梅森罐，密封冷藏备用。食用时可搭配口袋薄饼或是玉米片一起吃。